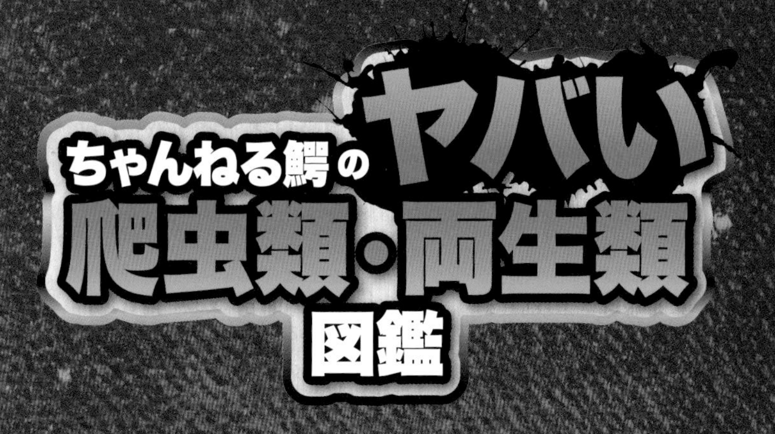

ちゃんねる鰐

日本文芸社

はじめに

日本は 3 世帯に 1 世帯はペットを飼育しているそうです。そのほとんどは犬や猫ですが、実は世の中にはまだまだ「そんな生き物飼えたんだ！」という生き物がたくさんいます。

僕が飼っている生き物は、ヘビ・トカゲ・クモなどの特殊な生き物たちが多く、いわゆる「エキゾチックアニマル」というジャンルの生き物になります。その見た目や危険性から、一般的には苦手な人が多いと思いますが、よく知ってみると面白かったり、可愛かったり、かっこよかったり…、どこかしら魅力があるものです。

この本では僕の飼育経験をもとに、具体的な飼育例を交えて生き物の面白さを紹介していきます。さあ、一緒にめくるめくエキゾチックアニマルの世界へと踏み出しましょう！

ちゃんねる鰐

ちゃんねる鰐って いったい何者…？

ヘビ・トカゲ・カメ・鰐などの爬虫類から、
カエルやイモリ、熱帯魚、クモやゴキブリに至るまで、
ペットとしては珍しすぎる生き物を 100 匹以上飼育している
爬虫類系 YouTuber・ちゃんねる鰐。

YouTube チャンネルでは主に生き物の生態や飼育を投稿。
一風変わった生き物や、
普段見ることができない**豪快な食事シーン**など
可愛いだけではなく野性味あふれる生き物の姿が
ちゃんねる鰐の見どころです。

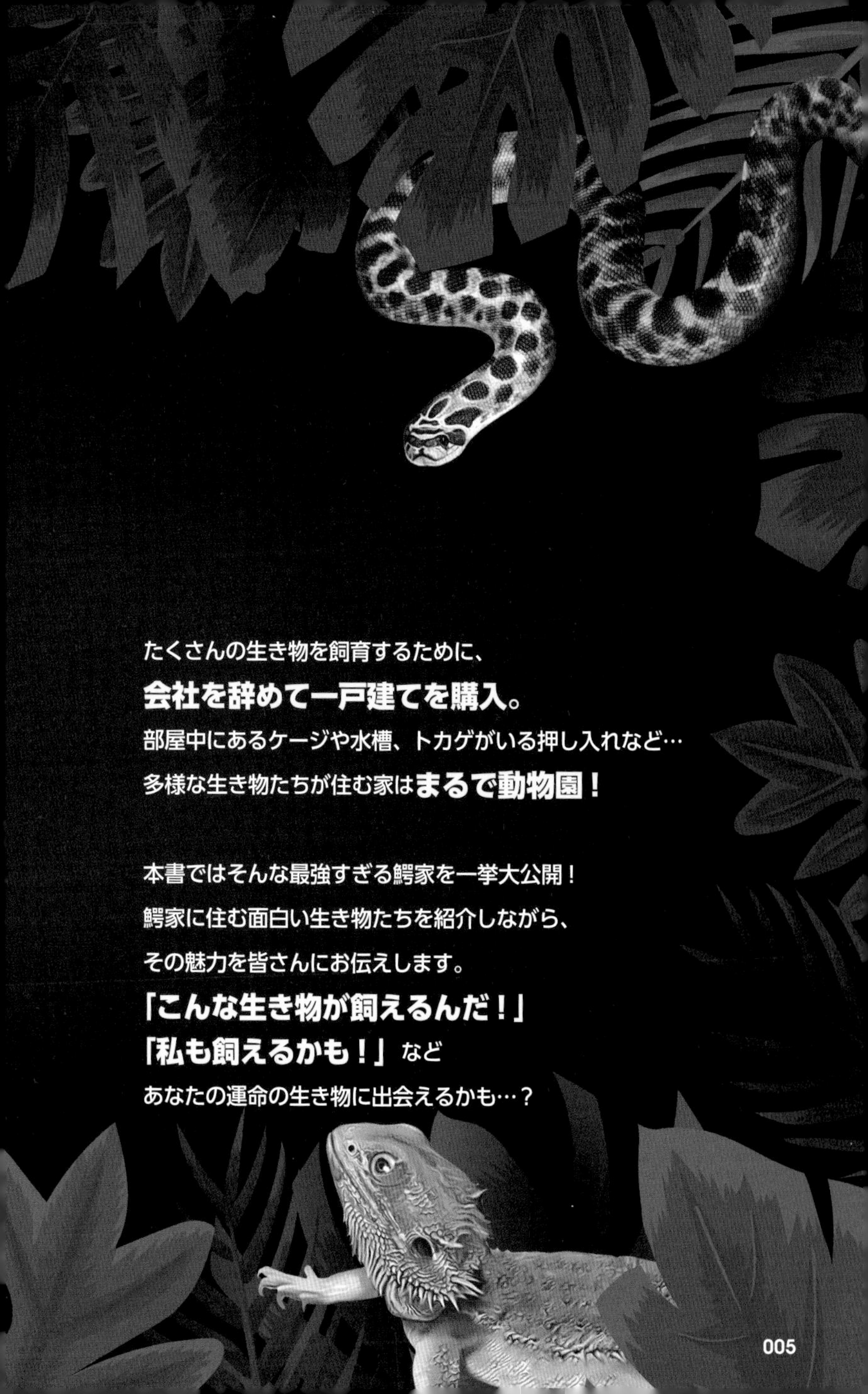

たくさんの生き物を飼育するために、

会社を辞めて一戸建てを購入。

部屋中にあるケージや水槽、トカゲがいる押し入れなど…

多様な生き物たちが住む家は**まるで動物園！**

本書ではそんな最強すぎる鰐家を一挙大公開！

鰐家に住む面白い生き物たちを紹介しながら、

その魅力を皆さんにお伝えします。

「こんな生き物が飼えるんだ！」

「私も飼えるかも！」など

あなたの運命の生き物に出会えるかも…？

我が家へ
ようこそ!

鰐家の一戸建て

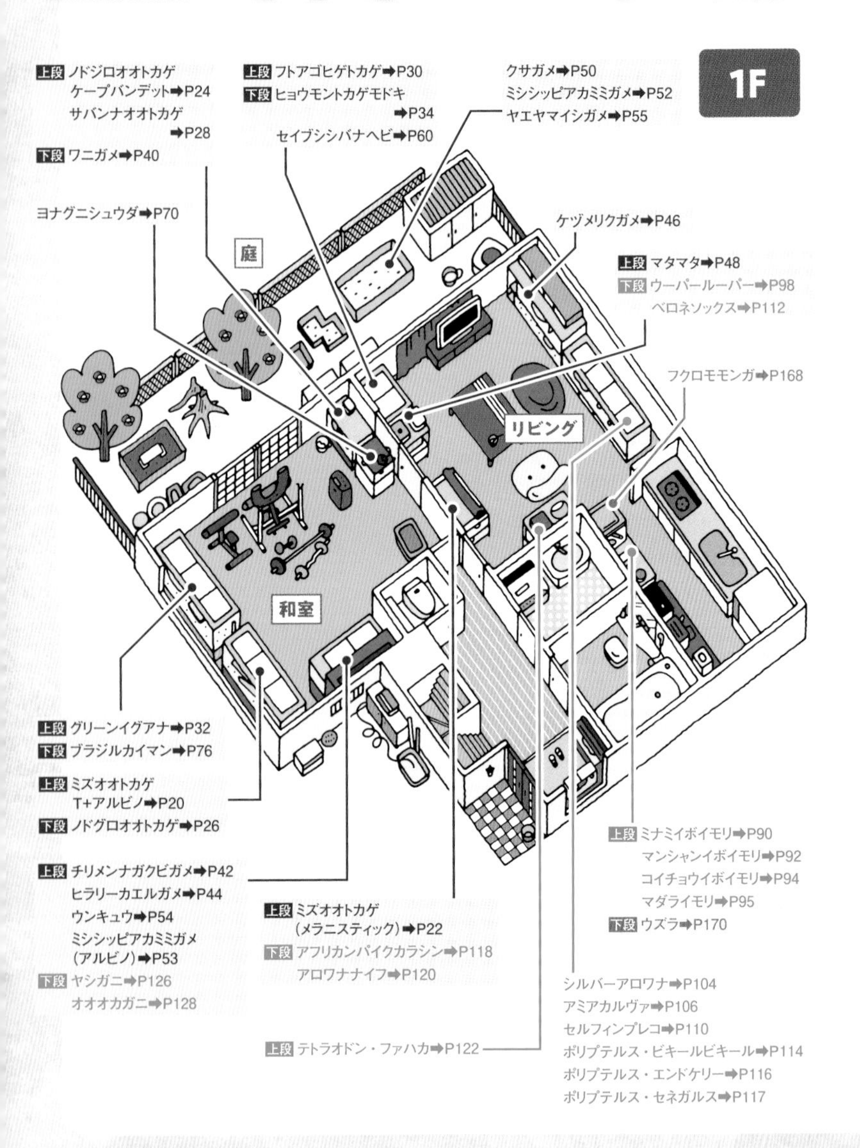

ROOMMAP

鰐家を一挙大公開！
どこにどんな生き物が
いるか紹介します！

2F

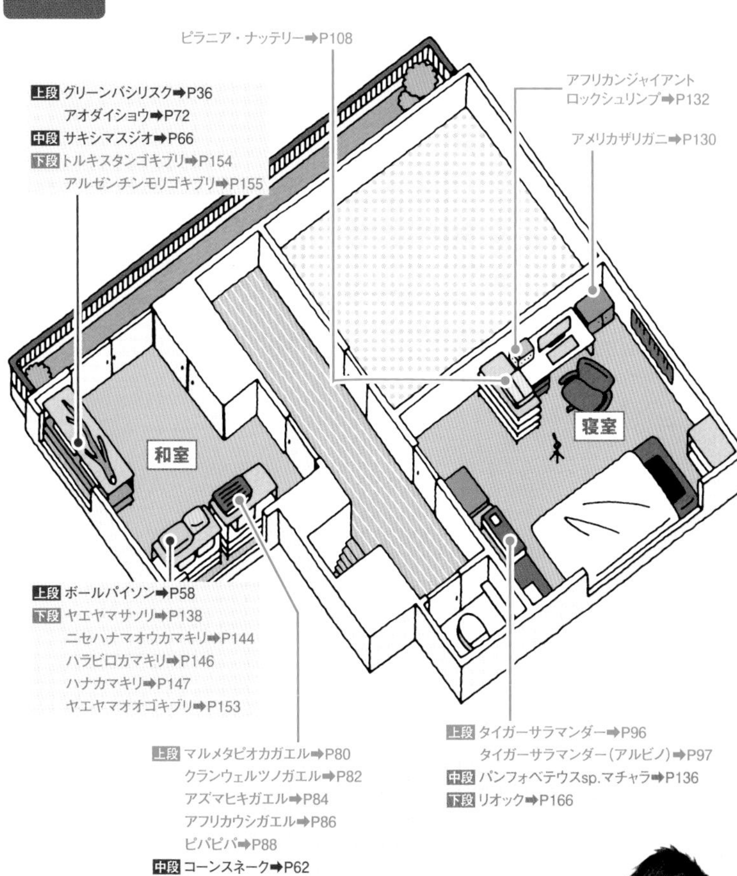

1F リビング

小さめな生き物や陸ガメがいるエリアになります。部屋を常にエアコンで 30 度に設定しています。ダイニングキッチンも繋がっているので 14 畳用の強力なエアコンです。180cm と 90cm の水槽が置いてある床下は自分で補強しました。カーテンは断熱性のカーテンを使用しています。

1F 和室

大型のトカゲがいる部屋で、押し入れを改造してケージにしています。もともと畳でしたが、水槽を置きづらいので大工さんにお願いしてフローリングに変えました。その時一緒に床下の補強をし、そこにカメの大型水槽を置いています。観察などがしやすいように照明はLEDにして、エアコンで30度に設定しています。また、特定動物がいるので、全ての出入り口に鍵がかかるようにしています。空気清浄機も24時間稼働させています。

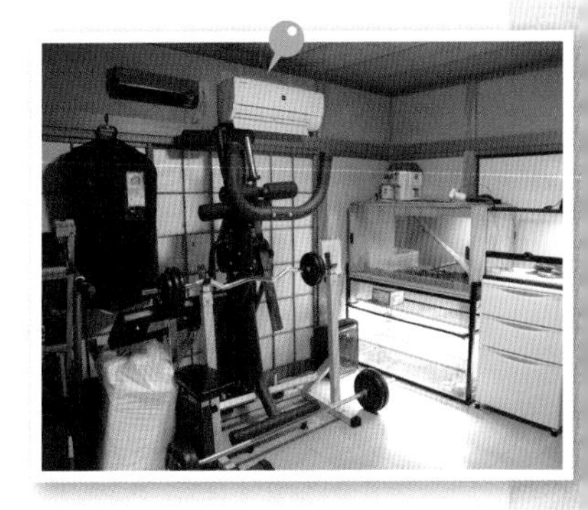

2F 和室

観察がしやすいように照明はLEDを使用。同じく室温はエアコンで30度に設定しています。押入れには大量の飼育用品が入っていますが、どうにかしてスペースを開けてここもケージに出来ないかと画策中です。買うだけ買って使っていない大量の流木などもこの部屋にしまいこんであります。虫が多くコバエが湧きやすいので電撃殺虫器や据え置き型のコバエ取りを設置しています。

2F 寝室

寝室ですが、低温の生き物を飼育する為に20度に設定している部屋です。パソコンや撮影機材もこの部屋に置いていて、動画編集をしています。生きている生き物だけでなく、昆虫の標本や化石、生き物をモチーフとしたグッズなどもこの部屋に飾っています。

もくじ

Chapter 1 爬虫類

トカゲ

カメ

サソリモドキ

カマキリ

ゴキブリ

ダンゴムシ

ワラジムシ

ヤスデ

Chapter 5　鰐の日常

本書の見方

この本には、ちゃんねる鰐が飼育している生き物たちと、そのお世話のしかたや基本的な情報が満載！　本書を使いこなすために読み方をマスターしよう。

POINT 1

生き物のプロフィール

生き物の名前、生態などの基本的な知識や、鰐家とのエピソードを紹介。どんな生き物なのかざっくりとわかります。

POINT 2

飼育方法

飼育に必要な情報や、生き物の特徴などを記載。実際の飼い方がわかります。

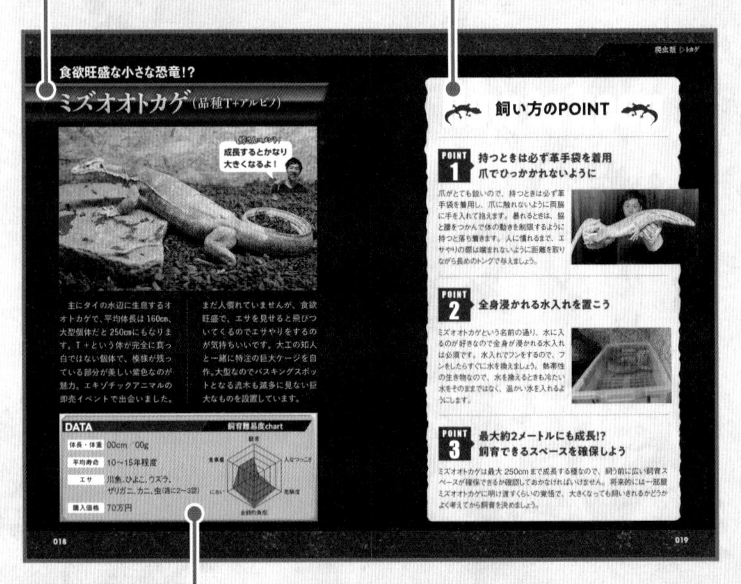
爬虫類 ▷トカゲ

食欲旺盛な小さな恐竜!?

ミズオオトカゲ（品種T+アルビノ）

主にタイの水辺に生息するオオトカゲで、平均体長は160cm、大型個体だと250cmにもなります。T＋という体が完全に真っ白ではない個体で、模様が残っている部分が美しい紫色なのが魅力。エキゾチックアニマルの即売イベントで出会いました。

まだ人慣れていませんが、食欲旺盛で、エサを見せると飛びついてくるのでエサやりをするのが気持ちいいです。大工の知人と一緒に特注の巨大ケージを自作。大型なのでバスキングスポットとなる流木も滅多に見ない巨大なものを設置しています。

DATA

体長・体重	00cm／00g
平均寿命	10〜15年程度
エサ	川魚、ひよこ、ウズラ、ザリガニ、カニ、虫（週に2〜3回）
購入価格	70万円

飼育難易度chart

018

飼い方のPOINT

POINT 1　持つときは必ず革手袋を着用　爪でひっかかれないように

爪がとても鋭いので、持つときは必ず革手袋を着用し、爪に触れないように両脇に手を入れて抱えます。暴れるときは、脇と腰をつかんで体の動きを制限するように持つと落ち着きます。人に慣れるまで、エサやりの際は噛まれないように距離を取りながら長めのトングで与えましょう。

POINT 2　全身浸かれる水入れを置こう

ミズオオトカゲという名前の通り、水に入るのが好きなので全身が浸かれる水入れは必須です。水入れでフンをするので、フンをしたらすぐに水を換えましょう。熱帯性の生き物なので、水を換えるときも冷たい水をそのままではなく、温かい水を入れるようにします。

POINT 3　最大約2メートルにも成長!?　飼育できるスペースを確保しよう

ミズオオトカゲは最大250cmまで成長する種なので、飼う前に広い飼育スペースが確保できるか確認しておかなければいけません。将来的には一部屋ミズオオトカゲに明け渡すくらいの覚悟で、大きくなっても飼いきれるかどうかよく考えてから飼育を決めましょう。

019

POINT 3

飼育難易度をチャート化

飼育するうえで参考になる情報をチャート化しました。

- **騒音**…鳴き声や動作による騒音
- **人なつっこさ**…飼い主へのなつき度
- **危険度**…性格の荒さや、攻撃性、毒性の強さ
- **金銭的負担**…飼育環境の設備費やエサ代などの飼育費用
- **臭い**…体臭や糞、環境による臭い
- **食事量**…必要な食べ物の量

ATTENTION

本書は生き物の生態や飼育のおもしろさを紹介した本になります。生態や飼育に関する詳しい解説は専門書をご参照ください。

Chapter 1

爬虫類

トカゲ・カメ・ヘビ・ワニなどの爬虫類をご紹介。
迫力ある美しさをもつ彼らの生態を知ろう。

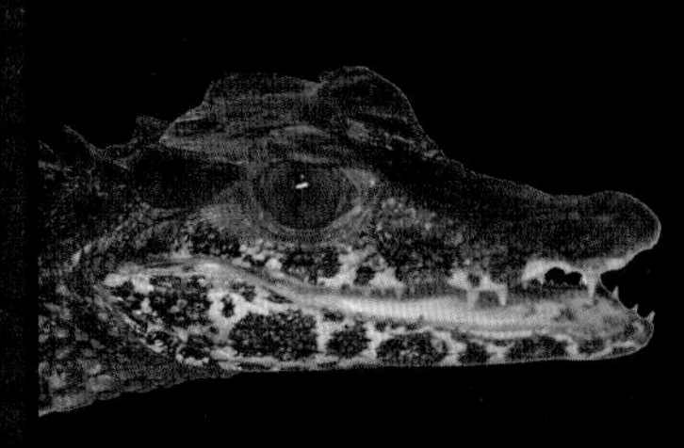

食欲旺盛な小さな恐竜!?

ミズオオトカゲ（T+アルビノ）

主に東南アジアの水辺に生息するオオトカゲで、平均体長は160㎝、大型個体だと250㎝にもなります。T＋というアルビノの個体ですが完全に真っ白ではなく、模様が残っている部分が美しい紫色なのが魅力。エキゾチックアニマルの即売イベントで出会いました。食欲旺盛で、エサを見せると飛びついてくるのでエサやりをするのが気持ちいいです。大工の知人と一緒に特注の巨大ケージを自作。大型なのでバスキングスポット（※）となる流木も滅多に見ない巨大なものを設置しています。

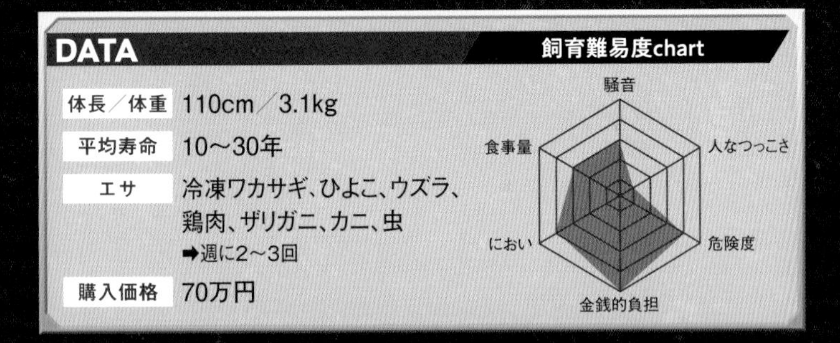

DATA

体長／体重	110cm／3.1kg
平均寿命	10〜30年
エサ	冷凍ワカサギ、ひよこ、ウズラ、鶏肉、ザリガニ、カニ、虫 ➡週に2〜3回
購入価格	70万円

※バスキングスポット…日光浴をする場所。体温を温めたり、紫外線を浴びることで代謝を整える。

飼い方のPOINT

POINT 1 持つときは必ず革手袋を着用 爪でひっかかれないように

爪がとても鋭いので、持つときは必ず革手袋を着用し、爪に触れないように両脇に手を入れて抱えます。暴れるときは、脇と腰をつかんで体の動きを制限するように持つと落ち着きます。人に慣れるまで、エサやりの際は噛まれないように距離を取りながら長めのトングで与えましょう。

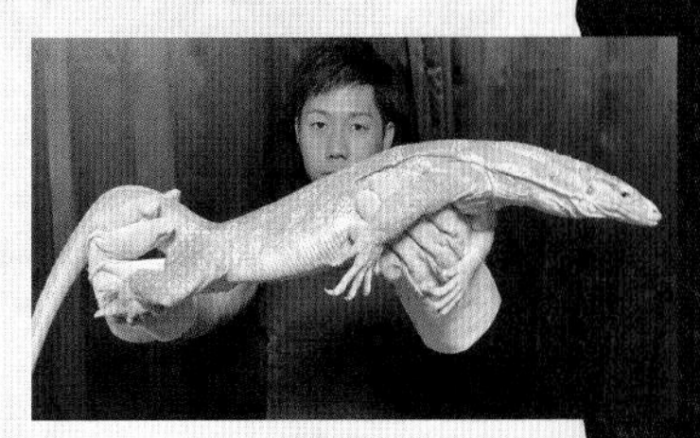

POINT 2 全身浸かれる水入れを置く

ミズオオトカゲという名前の通り、水に入るのが好きなので全身が浸かれる水入れは必須です。水入れでフンをするので、フンをしたらすぐに水を換えましょう。熱帯性の生き物なので、水を換えるときも冷たい水をそのままではなく、温かい水を入れるようにします。

POINT 3 最大約2メートルにも成長!? 飼育できるスペースを確保する

ミズオオトカゲは最大250cmまで成長する種なので、飼う前に広い飼育スペースが確保できるか確認しておかなければいけません。将来的には一部屋ミズオオトカゲに明け渡すくらいの覚悟で、大きくなっても飼いきれるかどうかよく考えてから飼育を決めましょう。

まるで「ゴジラ」!? 全身真っ黒でかっこいい

ミズオオトカゲ（メラニスティック）

メラニスティックとはメラニズムとも言い、過剰にメラニン色素が生成され体が黒くなる個体のこと。メラニズムでも黒の度合いには個体差があり、あまり黒くなくて模様もうっすら見えるような子から、本当に全身真っ黒な子までさまざまです。

この黒いトカゲ、ゴジラに似ていると思いませんか？　僕は子どものころからゴジラが好きで、黒いオオトカゲを飼うのが夢でした。全身真っ黒な個体は珍しく、色々なショップに足を運んでようやく見つけやっとお迎え！　長年の夢が叶いました！

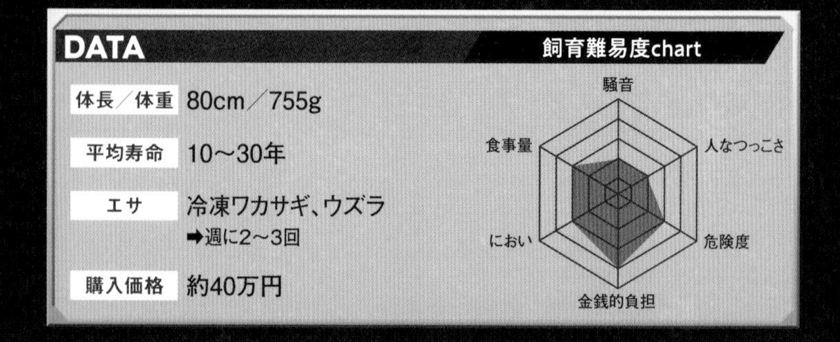

DATA

体長／体重	80cm／755g
平均寿命	10〜30年
エサ	冷凍ワカサギ、ウズラ ➡週に2〜3回
購入価格	約40万円

飼い方のPOINT

個体によって性格はさまざま その子に合ったお世話を

うちの子は少し神経質なのか、あまり刺激を与えてしまうとせっかく食べたエサを吐き戻してしまうことがあります。そのため、水換えやハンドリング（※）のタイミングはエサを食べる前と決めています。個体の性格はさまざまなので、その子に合ったお世話をしてあげましょう。

POINT 2 できるだけ生息場所に近い環境をつくる

タイに生息する野生のミズオオトカゲは、川の中にいるか、川岸で日光浴をしています。できるだけその環境に近い環境をつくってあげるといいでしょう。ケージの底面は全て水場にして川を再現、川岸に似た人工芝で陸地をつくるなど工夫してみてください。

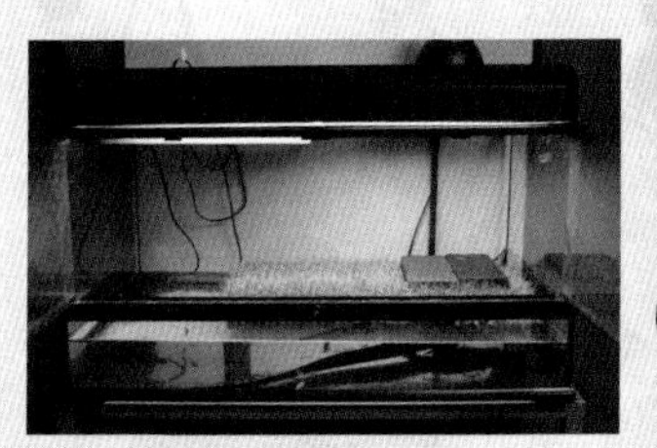

POINT 3 底面に水を張る場合はろ過装置をつける

ミズオオトカゲはその名の通り、水に入るのが大好き。ケージの底面に水を張る場合、水を清潔に保つためにろ過装置を設置しましょう。また、基本的に水の中でフンをするので、フンをしたらすぐに水を換えてあげてください。

※ハンドリング…生き物を持ったり、手で触れること。

しま模様が美しい…

アフリカンロックモニター

ノドジロオオトカゲ ケープバンデット

アフリカ大陸の東部から南部のやや乾燥した草原や岩場に生息するオオトカゲ。アフリカンロックモニターの中でもケープバンデットは、南アフリカの南西海岸沿いにある港町のケープタウンの辺りに生息する縞模様の美しい個体群です。お迎えした当初は警戒心が強く、ケージの近くに寄るだけで尻尾打ちをくり返すような子でした。世話をしていくうちにだんだんと慣れてきて、今は手に持っても嫌がることが全くなくなったので、愛嬌があり可愛くて仕方ないです。

DATA

体長／体重	55cm／682g
平均寿命	10〜30年
エサ	ウズラ、ザリガニ、虫 ➡週に2回
購入価格	15万円

飼い方のPOINT

POINT 1 大きく成長しても ちゃんと飼育できるか確認を

模様が美しく非常に魅力的な生き物ですが、最大250cmと非常に大きく成長すること、そして危険も伴う生物だということを覚悟して飼育しはじめなければなりません。成長すればするほど体に合った大型のケージや飼育スペース、お金が必要になってきます。

POINT 2 太りやすいので エサの与えすぎに注意！

アフリカンロックモニターは食欲旺盛で、エサを与えれば与えただけ食べてしまいます。しかし、太りやすい種でもあるので体型を管理しながらエサを与えてください。体にシワがなければ太りすぎのサインです。エサを減らし、運動させてあげましょう。

POINT 3 フンをしたらすぐにキレイに！ ケージ内を清潔に保つ

我が家では全身が浸かれる水入れを設置していますが、フンをしたらすぐに換えるようにしています。また、床材に敷いているヤシガラにフンをしたときは、すぐに周囲の床材ごと捨てます。ケージ内を清潔に保つために、水入れや床材が汚れていないかこまめにチェックしましょう。

重量感のあるゴツイ体が魅力的

アフリカンロックモニター ノドグロオオトカゲ

ノドグロオオトカゲは、アフリカ大陸の東部から南部にかけて広く生息。エサや繁殖相手を求めて１日何 km も歩き回ります。他のオオトカゲは顔先が少しシュッとして細く、どことなく美しく品のある顔立ちをしていますが、アフリカンロックモニターの顔は太く短めで重厚感のある顔つきをしています。特に、ノドグロオオトカゲは顔から喉まで黒（茶色）いため、重厚感が増し、無骨なかっこよさが感じられます。即売イベントで見かけて衝撃を受け、悩んだ末にお迎えしました。

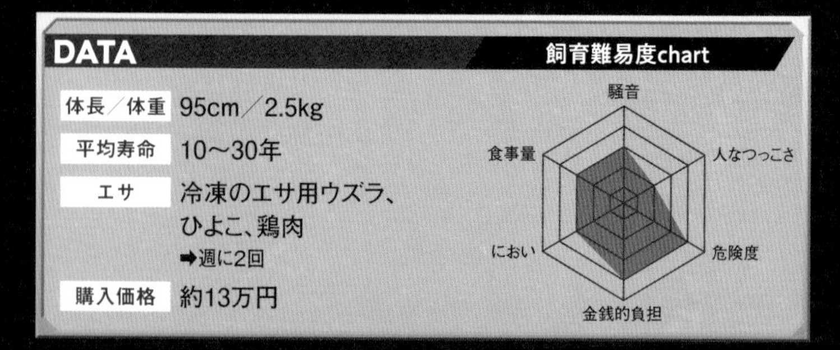

DATA

体長／体重	95cm／2.5kg
平均寿命	10～30年
エサ	冷凍のエサ用ウズラ、ひよこ、鶏肉 ➡週に2回
購入価格	約13万円

飼い方のPOINT

POINT 1 慣れるまでは噛みつきや尻尾打ちに注意！

ノドグロオオトカゲは人になれるまでは近づくと噛みついたり、身体を膨らませて尻尾打ちしたりすることがあります。エサやりのときは噛まれないように十分距離をとり、長めのトングを使用しましょう。持つときは爪に引っかかれないように両脇に手を入れて抱えます。

POINT 2 温度管理はホットカーペットでもOK

エアコンで室温が常に30度前後になるようにキープしましょう。暖かい空気は上にいってしまうので、ケージを床の近くに置く場合は保温器具が必要です。我が家では防水のホットカーペットを敷いています。

POINT 3 脱皮の皮が残っていたらぬるま湯でふやかしてあげる

自然に脱皮しますが、脱ぎ残した皮が残ったままになっていたら、ぬるま湯につけて皮をふやかしてあげましょう。剥けそうなところを少しずつ剥いてあげます。古い皮が残っていると、皮膚が締めつけられ怪我や病気を引き起こす可能性があるので注意してください。

人なつっこくて愛嬌抜群！

サバンナオオトカゲ オレンジハイポ

アフリカ大陸西部から中央部にかけて生息するオオトカゲ。おとなしく人なつっこい性格で飼いやすいため、ペットとして高い人気がある種です。オオトカゲの中では小型ですが、成長速度が早く1年で90cm程度まで大きくなる個体もいます。オレンジハイポは、一般的なサバンナオオトカゲよりも全体的に体の色が薄く、オレンジがかった非常に美しい個体です。うちの子は今まで見たどのサバンナオオトカゲよりもキレイ！　食欲旺盛でエサを見せるとかけ寄ってくるのも可愛いです。

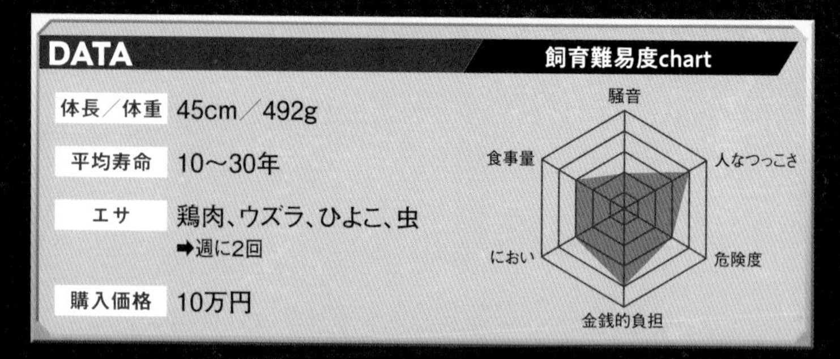

DATA

体長／体重	45cm／492g
平均寿命	10～30年
エサ	鶏肉、ウズラ、ひよこ、虫 ➡週に2回
購入価格	10万円

飼い方のPOINT

POINT 1 太りすぎに要注意！ エサの頻度を調整しよう

サバンナオオトカゲは肥満になりやすく、それに伴った内臓疾患で亡くなってしまうケースが多いです。体にシワ（特に脇）がなかったら太りすぎの証拠。シワがある状態をキープしましょう。太りすぎないように気をつけて下さい。

POINT 2 湿度は気にしなくてOK ！ ただし水入れは用意して

サバンナに生息する乾燥系の種のため、特に湿度の管理は必要ありません。ただ、水浴びをすることもあるので全身が浸かれる水入れを用意してあげるといいでしょう。水の中でフンをするので、こまめに水を換えてあげることも忘れずに！

POINT 3 持つときは背中をさすって 様子を見てから

サバンナオオトカゲはおとなしい性格で慣れやすいですが、急に大きな音を立てると危険を感じ、暴れることもあります。機嫌が悪いときに触れると噛まれることもあるので、持ち上げたいときは背中を軽く触って様子を見てからにしましょう。

人気度トップクラスの爬虫類！

フトアゴヒゲトカゲ（オレンジ）

オーストラリアの乾燥地帯に生息しているトカゲ。ブリード（※）が盛んでとても飼いやすく、人に慣れやすいので爬虫類初心者の方にオススメです。ペット用に品種改良が進んでいることもあり、色や模様が豊富で自分好みの子を選ぶことができるのも魅力の一つ。40cm 前後までしか大きくならないので、広いスペースがなくても飼育できます。エサを食べるときの顔や首をかしげるときの仕草が可愛くてたまりません。触っても全然嫌がらず、お腹の上に乗せて日向ぼっこするのがお気に入りです！

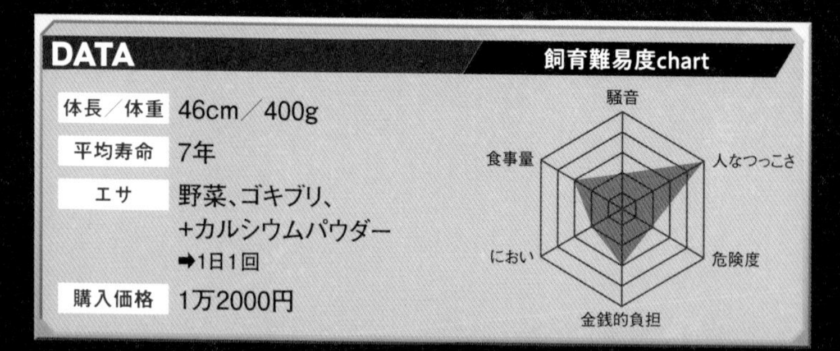

DATA

体長／体重	46cm／400g
平均寿命	7年
エサ	野菜、ゴキブリ、 +カルシウムパウダー ➡1日1回
購入価格	1万2000円

※ブリード…繁殖させること。

飼い方のPOINT

POINT 1 フンが体についていないかこまめにチェック！

ときどきフンを踏んづけて、体につけたままでいることがあります。そのまま放っておくと雑菌が繁殖して病気になってしまうおそれがあるので、温浴をさせてフンをふやかしながら取ってあげましょう。

POINT 2 床材は誤飲しても大丈夫なものを。シェルターも置いてあげる

床材は、多少誤飲してしまっても大丈夫なようにクルミの殻を砕いて砂状にしたものを敷くのがオススメ。また、日陰に隠れられると落ち着くので、全身を納められるシェルターを用意してあげるといいでしょう。室温はライトと暖突（※）で30度になるよう管理しています。

POINT 3 エサは野菜と虫をバランスよく与える

ベビーのときはコオロギやゴキブリなどの虫を毎日与えます。成長するにしたがって虫から野菜メインに。小松菜やかぼちゃ、水菜、パプリカ、にんじんなどの野菜を一口大に切ったものをメインに、たまにおやつで虫を与えるといいでしょう。

※暖突…主に爬虫類を飼育するときに使うペットヒーター。
ケージの天井に取り付けて使用する。

ワイルドな風貌がかっこいい

グリーンイグアナ（アザンティック）

中南米の森林地帯などに生息。子どものころは鮮やかな緑色をしていますが、成長するにつれてだんだん色が薄くなり、灰黄色のような体色になっていきます。自然下では主に樹上で生活していますが、泳ぐのも得意です。大きなトカゲではありますが、オオトカゲとは違った魅力があります。その一つが、頭から背中にまで入るクレスト（突起物）で、恐竜や怪獣っぽいかっこよさを感じます。また、肉食ではないので、よく慣れた個体なら部屋で放し飼いにできるのも魅力です。

DATA

体長／体重	92cm／788g
平均寿命	10〜20年
エサ	野菜、イグアナ用フード ➡1日1回
購入価格	1万5000円

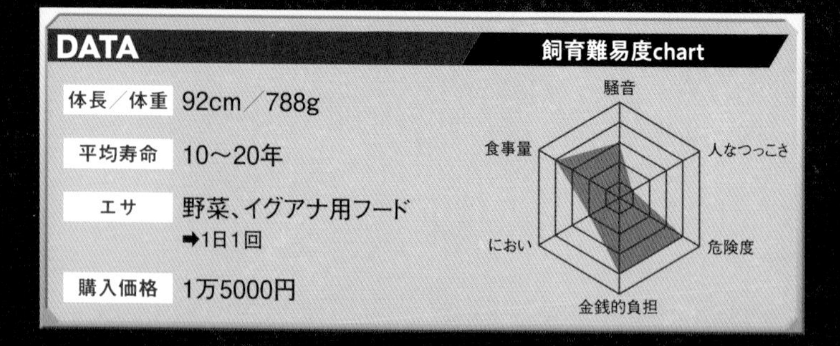

飼い方のPOINT

尻尾を自切してしまうので刺激を与えないように！

イグアナは、刺激しすぎると尻尾を自切してしまうことがあります。メンテナンスをするときは、あまり刺激しないように気をつけてください。ハンドリングをするときも、尻尾だけ掴まずしっかり体を持つようにしましょう。

POINT 2

ハンドリングするときは皮手袋を着用する

肉食の生き物ではないので、基本的におとなしい性格をしていますが、慣れていない個体は噛んだり尻尾を打ちつけたりすることもあります。また、樹上性のトカゲだけあって爪も非常に鋭いので、ハンドリングするときは怪我をしないように皮手袋を着用したほうがいいでしょう。

POINT 3

バスキング用のライトと登り木や水入れは必須

中南米原産の生き物なので、体を温められる紫外線とバスキング兼用のライトを設置してあげましょう。また、登り木にもなりバスキングスポットにもなる大きな流木と、全身浸かる水入れも必要です。床材は湿度を保ちやすいものが好ましく、我が家ではヤシガラを敷いています。

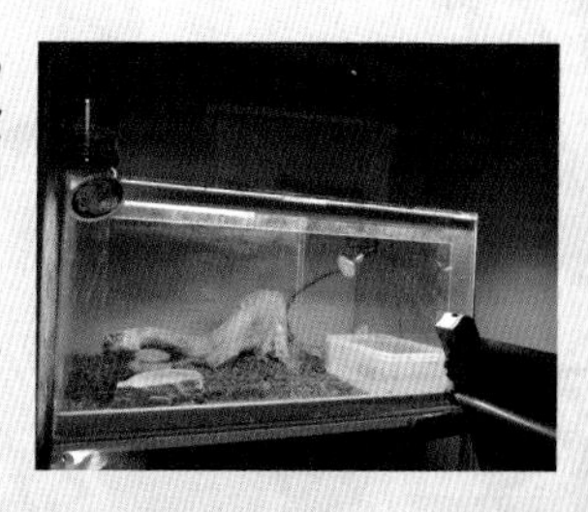

表情が豊かで見ていて飽きない！

ヒョウモントカゲモドキ（タンジェリントルネード）

アフガニスタン南東部をはじめ、東南アジアの乾燥地に生息する大型のトカゲモドキ。尻尾に脂肪分を蓄えることができ、栄養をたっぷり摂っていると太くなります。オレンジ色の見た目がポケモンのヒトカゲっぽくて可愛いなと思ってお迎えしました。生きた虫を入れると追いかけて捕食するような活発な子ですが、別の種類のブレイジングブリザードはおっとりしています。初心者にも飼いやすく、舌を出したり片目を瞑ったり表情豊かで、肌がスベスベした触りごこちも魅力！

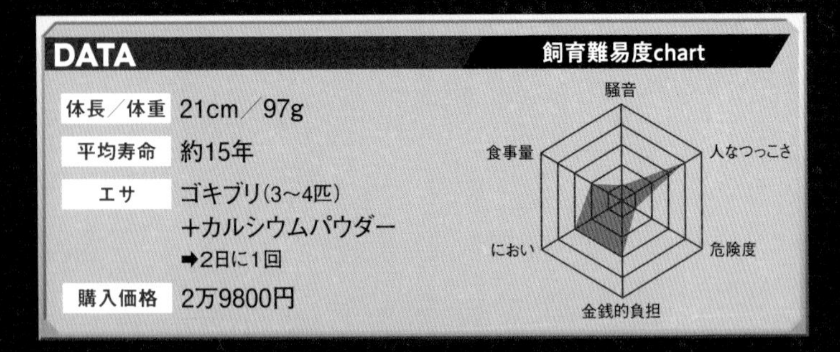

DATA

体長／体重	21cm／97g
平均寿命	約15年
エサ	ゴキブリ(3～4匹) +カルシウムパウダー ➡2日に1回
購入価格	2万9800円

飼い方のPOINT

POINT 1 こまめに"脇プニ"をチェック！太りすぎに注意

太ってくると脇の下あたりがぽこっと膨らみ、通称「脇プニ」と言われる状態になります。もし脇プニを見つけたらエサを減らしたり、運動させたりする必要があるので、普段からよく観察しておきましょう。特にハニーワームはカロリーが高いので与えすぎに注意！

POINT 2 頭をなでるのはNG！下からそっと優しく持ち上げる

ヒョウモントカゲモドキは、無理やり捕まえたり、大きな音を立てたりするとストレスを感じて自ら尻尾を切ってしまうことがあります。頭を触られたり、上から掴まれるなども大嫌い。ストレスを与えて自切してしまわないように、持つときは下から優しく持ち上げるようにしましょう。

POINT 3 食欲が落ちたときはハニーワームを与える

エサのゴキブリは2日に1回、3〜4匹与えるのですが、たまに食欲が落ちて食べなくなってしまうことがあります。そんなときは、嗜好性の高いハニーワームを与えて食欲のスイッチを入れてあげてください。食欲が出て、続けてゴキブリも食べてくれることがあります。

ブレイジングブリザードという種類。真っ白な体に一目惚れしてお迎えしました！

若葉のような鮮やかな緑色

グリーンバシリスク

南米の森林に生息しているイグアナ科のトカゲで、長いムチのような尻尾が特徴。水辺を好み、水の上を走ることから別名キリストトカゲとも呼ばれています。基本的には木の上にいますが、危険を感じると水の中に飛び込みます。泳ぎが達者な上に、30分間も水の中に潜っていられるのだとか。若葉のような鮮やかな緑色と、トサカと背中から尻尾にかけて大きく発達するひれが魅力。他のどの爬虫類にもない立派な背びれは、太古の恐竜を彷彿とさせるかっこよさがあります。

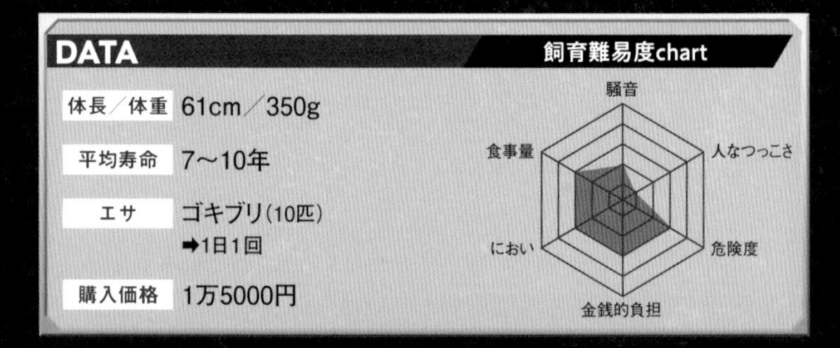

DATA

体長／体重	61cm／350g
平均寿命	7～10年
エサ	ゴキブリ（10匹） ➡1日1回
購入価格	1万5000円

飼い方のPOINT

POINT 1 口が潰れないように ビニール温室を制作

グリーンバシリスクは、刺激すると驚いて走り出し、ケージの壁面にぶつかって口が潰れてしまう個体が多いです。水族館でマンボウが水槽にぶつかって怪我をしないよう水槽内をビニールで覆っていることに着想を得て、園芸用のビニール温室を改造したケージで飼育しています。

POINT 2 動いている水しか飲まない！ 水は霧吹きで与えよう

グリーンバシリスクのような樹上性トカゲは、「動いている水しか水として認識できない」という性質があります。水入れに入れただけの水は飲まないので、毎日霧吹きで水を与える、ポンプを入れて水が動く水入れを設置するなど、動きのある水をつくり出す工夫をしてあげましょう。

POINT 3 走り回れるだけの 大きなスペースを確保

体は小さく見えますが、尻尾が長くそれなりに大型に成長する上に、よく走るトカゲなので走ってもぶつからないくらい広い環境が必要になります。成長したときに走り回れるだけの広さが確保できるか、騒音で驚かすことがないか、環境をよく考えてからお迎えしましょう。

これだけは知っておきたい トカゲの基礎知識

トカゲの飼い方は、肉食・雑食・草食でちがってくる！

トカゲは爬虫類のなかで最も種類が多い生き物。同じトカゲでも種類によってそれぞれ特性や性格が変わります。飼い方を大きく分けると肉食・雑食・草食の３パターン。それぞれの大事なポイントを押さえておきましょう。

肉食・雑食

代表的な生き物
- **肉食** ノドグロオオトカゲ、ミズオオトカゲ
- **雑食** フトアゴヒゲトカゲ、グリーンバシリスク

肉食と雑食のトカゲは、ケージ内の環境はほとんど変わりません。違いはエサのみ。照明、水、床材、エサを用意して、あとは気温と湿度管理に注意すれば、比較的簡単に飼育することができる種が多いです。

パネルヒーター、保温球などを用いて、気温を30度前後に保つ

バスキングライトと紫外線ライト

ヤシガラチップや砂を敷く

ライトの下にバスキングスポットとなる木や石を置く

エサ

肉食
小さい頃はカルシウムパウダーをまぶしたゴキブリやコオロギなどの虫を与える。大きくなるにつれマウスやウズラ、ひよこ、魚などを与えメインに切り替える

雑食
小さい頃は肉食と同じ。大きくなるにつれカルシウムパウダーをまぶした小松菜などの野菜をメインに与える。肉食傾向の強いトカゲもおり、その場合は虫を与える

草食

代表的な生き物 グリーンイグアナ

肉食・雑食と同じく、床にはヤシガラチップや砂などの床材を敷きます。また、ライトを設置し、その下に木や石を置いてバスキングスポットをつくりましょう。草食は木に登る種類がいるので、流木を入れてあげます。

高さのあるケージを用意する

登れるように流木を設置

パネルヒーター、保温球などを用いて、気温を30度前後に保つ

バスキングライトと紫外線ライト

全身が浸かる事の出来る水入れを用意

水の交換、糞の掃除、床材の交換は定期的に行う

エサ

カルシウムパウダーをまぶした小松菜や青梗菜を与え、他にも水菜やセロリ、パプリカ、ミニトマト、オクラ、かぼちゃ、にんじんなどバランス良く与える。イグアナ用フードを与えても可。

トカゲの飼い方プラスα（アルファ）

夜行性のトカゲはライト不要！
～ヒョウモントカゲモドキの場合～

ケージは30cm～60 cm程度の大きさで、床材としてペットシーツやキッチンペーパーを敷きます。また、ヒョウモントカゲモドキは肉食ですが、夜行性なのでライトは不要です。そのため、温度管理はエアコンやパネルヒーターで行い、28度程度に保つようにします。シェルターと水を飲むための水入れも用意します。掃除はこまめに行い、糞をしたらシーツを丸ごと捨てて取り換えます。エサはコオロギやゴキブリなどの虫にカルシウムパウダーをまぶしたもの。虫が苦手な人はヒョウモントカゲモドキ専用のフードを与えましょう。

ロマンあふれる超危険生物！

ワニガメ

北アメリカ大陸に生息するカメで、ワニのように大きな口を持っています。ゴツゴツした顔にトゲトゲしい甲羅。怪獣か！というくらい大きくなる体躯に、動物の骨ごと噛み砕いてしまう噛む力など、男の子なら憧れないわけがないかっこよくてロマンのある生き物で、子供のころからいつかは飼いたいと思っていました。しかし、危険な生き物ですし、かなり巨大化する生き物でもあるので飼育には相当な覚悟が必要になります。収入が安定して、飼育できる目処がたったころにお迎えしました。

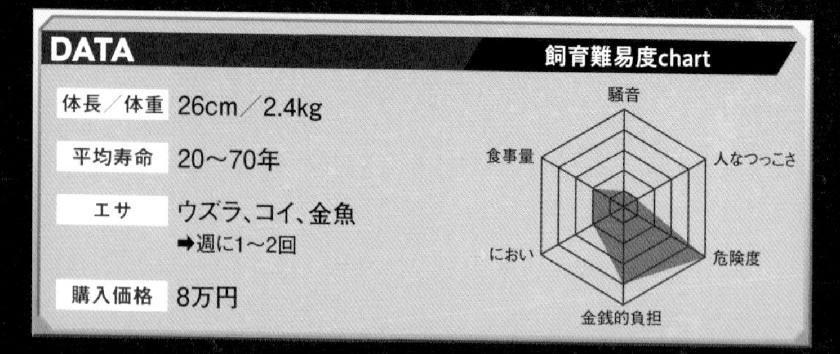

DATA

体長／体重	26cm／2.4kg
平均寿命	20〜70年
エサ	ウズラ、コイ、金魚 ➡週に1〜2回
購入価格	8万円

飼い方のPOINT

POINT 1 「特定動物」指定のカメ！飼育するには許可が必要

ワニガメのような危険な生き物は、「特定動物」といって都道府県の許可が下りないと飼育ができません。飼育の許可を得るためには、飼育部屋や飼育設備に施錠ができて、設備が頑丈などいろいろと条件があります。全ての条件を満たし、許可をもらってから飼育してください。

POINT 2 水槽は脱走防止用の金網と施錠で鉄壁ガード！

非常に危険な生き物なので、万が一にも脱走することがないようにしなければなりません。我が家では、脱走防止の金網を設置し、金網が開かないように二箇所を施錠しています。また、室温は30度、水温は20〜26度程度に設定。水質浄化用に投げ込み式ろ過装置も入れています。

POINT 3 噛まれないように要注意！持つときは後ろ側をつかむ

本気のワニガメに噛まれてしまうと、人間の指など骨ごと飛んでしまいます。幸いワニガメは待ち伏せ型の生き物なので、水槽の中に手を入れても積極的に手を噛んでくるということはありません。しっかり顔のほうを牽制しながら、正しい持ち方で持つことを徹底しましょう。

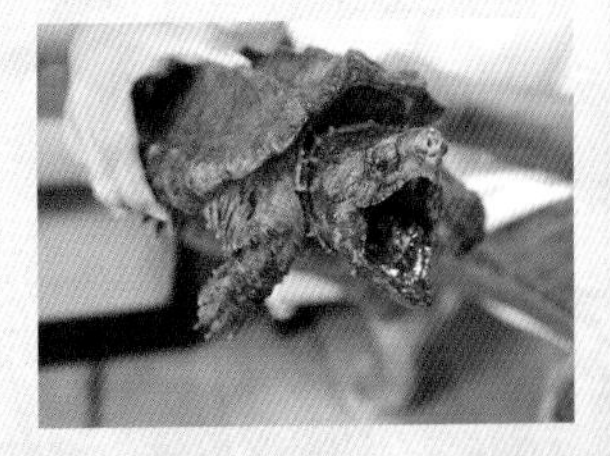

ヒョロッとした首とかわいい顔が魅力的

チリメンナガクビガメ

オーストラリア原産で、首を横に曲げる曲頸類と呼ばれる種類のカメです。泳ぎが得意で、ほぼ水の中で暮らしています。また、首が長すぎて引っ込ませることができないというところが愛らしいポイント。そのくせ、長い首を瞬時に伸ばして獲物を捉える様などは迫力があって、何度見ても惚れぼれしてしまいます。長い首を伸ばしながらゆうゆうと泳ぐ姿は、まるで太古の恐竜・首長竜のようです。食欲が旺盛なのも飼っていて楽しいですし、よく泳ぐカメなので見ていて飽きません。

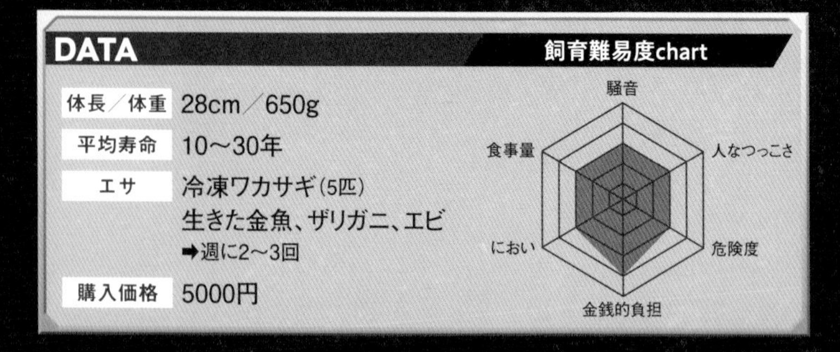

DATA

体長／体重	28cm／650g
平均寿命	10〜30年
エサ	冷凍ワカサギ(5匹) 生きた金魚、ザリガニ、エビ ➡週に2〜3回
購入価格	5000円

飼い方のPOINT

POINT 1 こまめに水換えして清潔に！ ろ過装置があるとよい

チリメンナガクビガメのような水ガメは、自分たちが泳いでいる水を飲み水としても利用します。ろ過装置をつけた上で、週に1回は水換えをして水を清潔に保つようにしましょう。水換えの日ではなくても、フンや食べ残しなどで水槽が汚れていたらこまめにすくってあげます。

POINT 2 巨大水槽で床が抜けないよう 大工さんに依頼して床下を補強

成長するとそれなりに大型になり、なおかつ泳ぐのが好きなカメなので、飼育するなら最低でも150cm以上の大型水槽が必要になります。ただし、木造住宅の場合これほどの巨大水槽を設置すると床が抜けるおそれが。水で重量が上がるので、念のため床下を補強したほうがいいでしょう。

POINT 3 甲羅を乾かすための バスキングスポットを

ほとんど水生のカメで泳ぐのが好きな種ではありますが、甲羅を乾かすためにもバスキングスポットは必要です。水上に浮島タイプの陸地をつくり、紫外線兼バスキング用のライトを設置してください。寒さに弱いので、室温は30度前後、水温は20度以上をキープします。

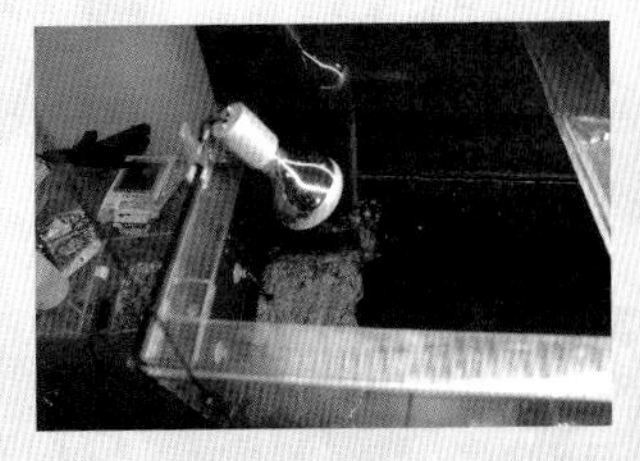

カメだけど顔はカエル…!?

ヒラリーカエルガメ

首を横に曲げる曲頚類のカメの中では最もポピュラー。南米原産で、飼育しやすいため人気があります。チャームポイントは顔の下に生えているヒゲ。他のカメにはあまりないものなので魅力を感じます。顔の横に入る黒いラインもおしゃれで魅力的。チリメンナガクビガメを飼育していてとても楽しかったので、似たようなカメを飼育したいと思い、探していたときにピンときたのがヒラリーカエルガメでした。よく泳ぐカメなので、見ていて飽きないというのも面白くていいですね。

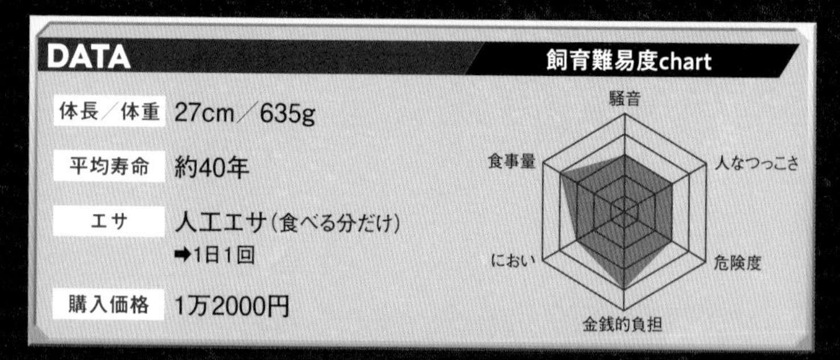

DATA

体長／体重	27cm／635g
平均寿命	約40年
エサ	人工エサ(食べる分だけ) ➡1日1回
購入価格	1万2000円

飼い方のPOINT

POINT 1 大型になるため大きい水槽を用意

成長すると体長が約 40cm とかなり大型になるカメで、よく泳ぐので水槽は深さがある大きめのものを用意しましょう。我が家ではチリメンナガクビガメ、アルビノミドリガメ、ウンキュウと同じ水槽で飼育しているため、180 × 60 × 60cm の水槽を使用しています。

POINT 2 成長が早いので他のカメとの同居は様子を見ながら

ヒラリーカエルガメは他の水ガメと比べると成長がとても早いです。もし他のカメと同じ水槽で飼育するのであれば、自分よりも小さくなった他のカメを攻撃しないかよく観察しましょう。すぐに大きくなるので、水槽もはじめから大きなものを用意しておいたほうがいいです。

POINT 3 日光浴や呼吸できるよう陸地を設ける

身体を乾かしたり、甲羅に紫外線を浴びさせるため、水上に浮島タイプの陸地を用意してあげるといいでしょう。その上には紫外線とバスキング兼用のライトを設置します。また、陸地は顔を出して呼吸させるためにも必要です。水質や水温に関しては、2週に1回は水換えをしてあげてください。

首が長いので甲羅の中に頭を引っ込めることができません。首を曲げるようにして顔を隠します。

散歩が大好きな大型カメ!

ケヅメリクガメ

アフリカのサハラ砂漠周辺に生息するリクガメで、幼少期は小さく可愛らしいですが、60～70cmまで成長します。野生のケヅメリクガメは地中に深く穴を掘って生活しているため、穴を掘るための前足が発達しているのが特徴です。大きな体躯とそれに伴う食欲が可愛いです。やっぱりペットを飼っていて一番楽しいのは、エサやりをしているとき。大きな個体なら一匹でキャベツ1玉くらい食い尽くしてしまうくらいの食欲があるので、我が家の子もそうなるのが楽しみです。

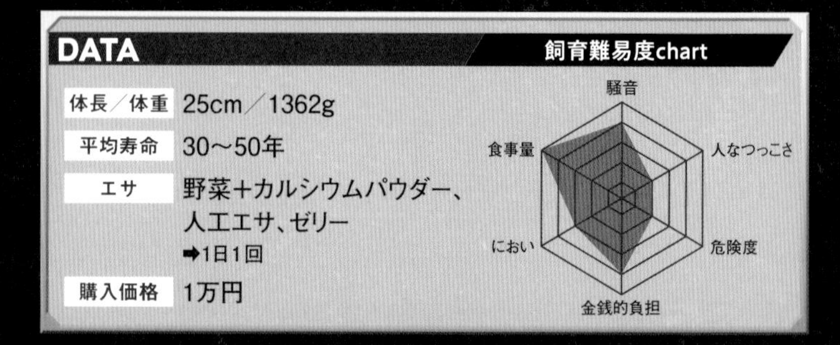

DATA

体長／体重	25cm／1362g
平均寿命	30～50年
エサ	野菜+カルシウムパウダー、人工エサ、ゼリー ➡1日1回
購入価格	1万円

飼い方のPOINT

広いケージを用意しよう。高さはほどほどでOK

ケージの中でも歩き回れるよう、我が家では自作した横120×奥行き60cm×高さ45cmのケージで飼育しています。ケヅメリクガメは立体活動はしないので高さは控えめでOK。ケージには紫外線兼バスキング用のライト、エサ入れ、水入れ、シェルターを置いてあげましょう。

POINT 2 カメが転ばないようにあまり物を置かない

陸ガメはひっくり返ってしまうと起き上がれず、そのまま死んでしまう個体も多いです。カメが中途半端に登ってひっくり返ってしまわないよう物を置かないようにしましょう。

POINT 3 健康のために歩かせよう。天気が良い日は庭でお散歩を

ケヅメリクガメはよく歩くカメで、普段からできるだけ歩かせてあげることが健康のために必要不可欠だと思います。なるべく広めのケージを用意してあげたり、たまには部屋の中を歩かせてあげましょう。また、天気がよく気温の高い日は庭を歩かせるといいでしょう。

落ち葉のような皮膚が特徴的

マタマタ

南米の流れの緩やかな河川などに生息するマタマタは枯れ葉に似た姿が特徴で、水中でじっと獲物を待ちます。なんと言っても特徴的な見た目が魅力で、三角の頭や、落ち葉を模した独特の皮膚感は太古の生き物を彷彿とさせます。ゴツゴツとした甲羅もワニガメに似た怪獣のようなかっこよさがあり、甲羅だけでも60cmと大型になることもかっこよさに拍車をかけています。また、正面から見たとき、口角が上がっていて笑顔のように見えて可愛いというのも魅力の一つです。

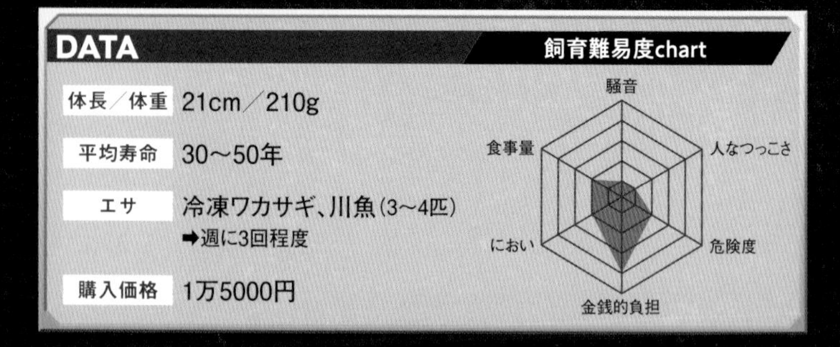

DATA

体長／体重	21cm／210g
平均寿命	30～50年
エサ	冷凍ワカサギ、川魚（3～4匹） ➡週に3回程度
購入価格	1万5000円

飼い方のPOINT

POINT 1 高い温度を好むので ヒーターは必需品

南米に生息するマタマタは高い温度を好むので、室温はエアコンで30度前後をキープ。さらにアクアリウム用のヒーターを入れて水温が常に30度になるように設定してあげましょう。水換えをするときに注水する水も、30度を下回らないようにしてください。

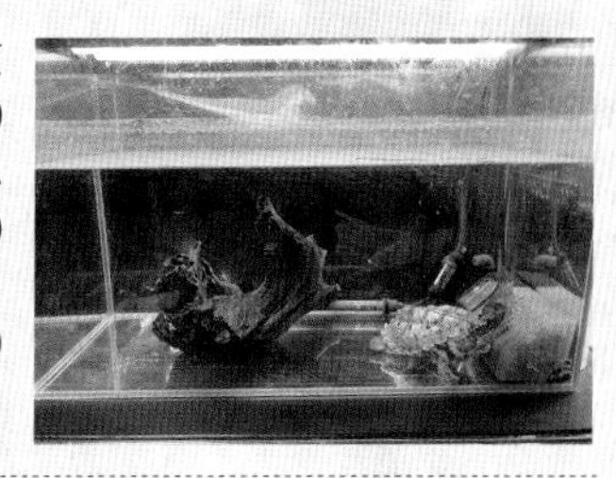

POINT 2 脱皮が多いので ろ過装置も頻繁に掃除して！

マタマタは、原産地では「皮膚」を意味する言葉で、その名の通り脱皮が多いカメです。脱皮は枯れ葉に擬態するためにも必要なものなのですが、落ちた皮がカスとなりろ過装置に溜まってしまいます。水換えをするときは、ろ過装置の掃除もしっかりするようにしてください。

POINT 3 水面に顔が出せるよう 流木を置いてあげる

完全水生のカメですが、水面から鼻先を出して呼吸をするので水面に顔を出すときに登る用の流木を入れてあげましょう。流木はカメが引っかかって溺死してしまわない形状のものを選びます。顔が出せるくらいまで水位を下げてもいいですが、水量は多いほうが水質や水温は安定します。

全身真っ黒でかっこいいけど、ニオイに注意！

クサガメ

朝鮮半島や中国が原産のカメで、流れが緩やかな河川や低地の沼などに生息しています。比較的なつきやすい種ではありますが、天敵が近づいて危険を感じると肛門付近にある臭腺から臭いニオイを出すことから、この名前がついたと言われています。僕は全身真っ黒な生き物が好きなので、フィールドに出かけていてたまたま見つけた真っ黒なクサガメに一目惚れし、持ち帰って飼育することにしました。食欲旺盛で、何をあげてもバクバク食べてくれるのも可愛いです。

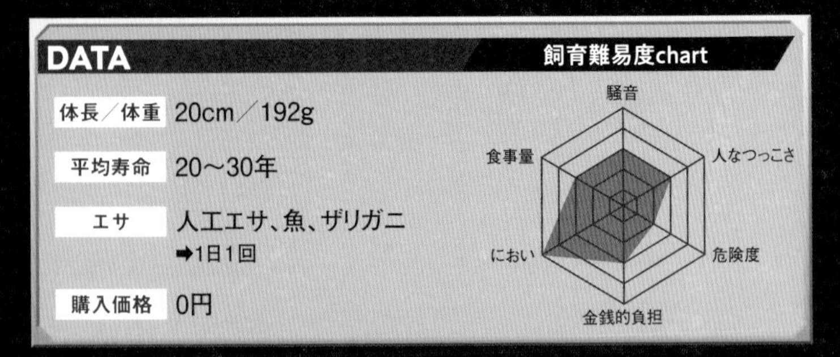

DATA

体長／体重	20cm／192g
平均寿命	20〜30年
エサ	人工エサ、魚、ザリガニ ➡1日1回
購入価格	0円

飼い方のPOINT

POINT 1 水槽には水場と陸地の両方を設置する

クサガメは水場と陸地の両方を必要とします。我が家では庭に置いてある大型のプラスチックの容器に陸地を置いています。日光浴で体を温め、紫外線でカルシウムの吸収を助けるビタミンDをつくるので、屋内で飼育する場合は紫外線兼バスキング用のライトを設置しましょう。

POINT 2 危険を感じると臭いニオイを出す！刺激を与えないように

穏やかでやや臆病な性格のクサガメは、危険を感じると外敵から身を守るために臭いニオイを出します。水換え時などお世話をするときは、あまり刺激しないように気をつけましょう。他のカメと同じ水槽で飼育する場合は、ケンカをしないように気を配ってあげてください。

POINT 3 屋内の飼育なら冬眠させなくてOK

野生のクサガメは気温が下がる11月ごろになると冬眠しますが、飼育しているカメは必ずしも冬眠させる必要はありません。冬眠に失敗するとそのまま死んでしまうこともあります。室温が30度前後に保たれた屋内で飼育していれば、冬眠はさせなくてOKです。

やんちゃで食欲旺盛なミドリガメ

ミシシッピアカミミガメ

アメリカから南米にかけて生息するカメで、別名ミドリガメとも呼ばれています。丈夫で飼育しやすいですが、気性が荒い個体も多いので要注意。カミツキガメを釣りに行ったときに捕まえたのですが、一瞬カミツキガメか⁉　と間違えたほど大きく、今まで見てきたアカミミガメの中でダントツ！　そのあまりの大きさに惹かれて持ち帰り、飼育をはじめました。体躯に見合う食欲でエサを食べまくり、ザリガニを与えると殻ごとバキバキ食べ尽くします。見ていて気持ちいいくらいの食欲です。

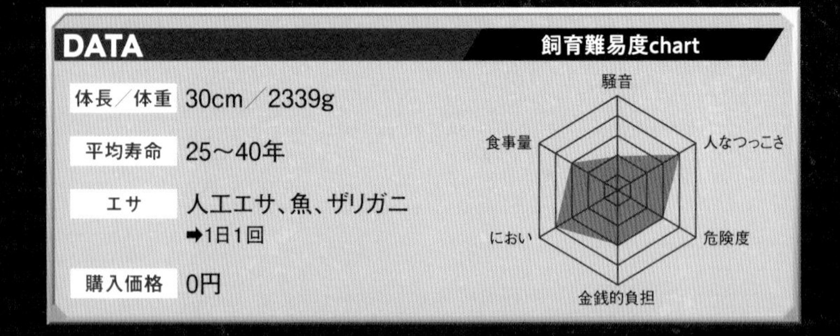

DATA

体長／体重	30cm／2339g
平均寿命	25〜40年
エサ	人工エサ、魚、ザリガニ ➡1日1回
購入価格	0円

ほっぺの赤色がとてもキュート

ミシシッピアカミミガメ(アルビノ)

ミシシッピアカミミガメのアルビノは丈夫で、比較的繁殖も容易と言われているので繁殖させてみたいと思いお迎えしました。現在合わせて3匹を飼育しています。アルビノではありますが全身真っ白ではなく、黄色がかった白色に顔に赤い模様が入り、そのコントラストがなんともいえない美しさをつくり出しています。オスはメスに対して両手を伸ばし、震わせることで求愛行動をするのですが、他のオスや人間の指もメスと勘違いして求愛してくるところが可愛いです。

DATA

体長／体重	22cm／595g
平均寿命	25〜40年
エサ	人工エサ、魚、ザリガニ ➡1日1回
購入価格	3万円、6万円、13万円

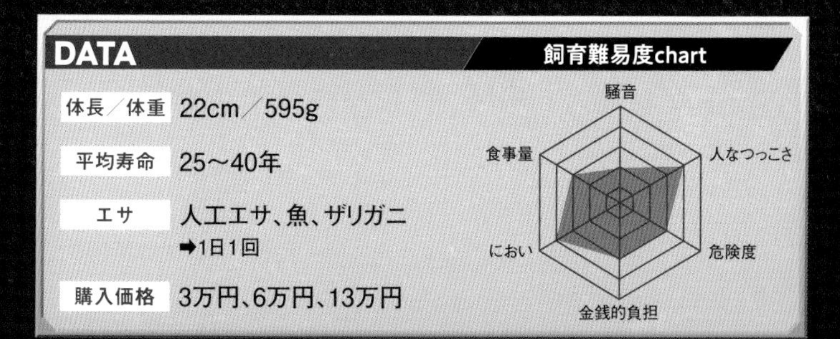

イシガメとクサガメの交雑種

ウンキュウ

ニホンイシガメとクサガメの交雑種がウンキュウで、昔は稀少性が高く「幻しのカメ」と言われていました。どちらの形質も受け継いだ見た目をしているのですが、ウンキュウの中でも色が明るめの「イシガメ型」、黒っぽい「クサガメ型」に分かれます。個体によってどちらの要素を強く持っているかが違うので、好みの見た目の子を選ぶ楽しみもあります。イシガメ型のウンキュウはイシガメと同じく泳ぐのが大好きなので、大きな水槽で飼育してあげると悠々と泳ぎまわる姿が見られますよ。

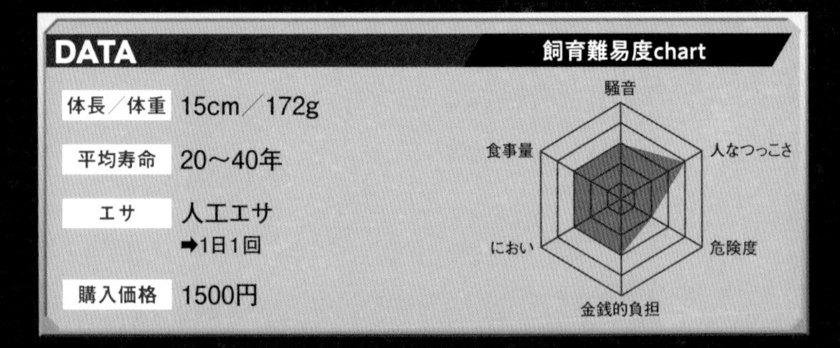

DATA

体長／体重	15cm／172g
平均寿命	20〜40年
エサ	人工エサ ➡1日1回
購入価格	1500円

食欲旺盛で元気いっぱい！

ヤエヤマイシガメ

本来沖縄本島には生息していないカメなのですが、沖縄本島の公園を歩いていたときに見つけて「こんなところで見つけるとは縁がある！」と思い飼いはじめました。茶色い甲羅が年季の入った木のような色合いで渋くてかっこいいですし、食欲旺盛で人工エサもたくさん食べてくれるのも可愛いです。ただ、ヤエヤマイシガメは石垣島では在来種で保護対象ですが、沖縄本島や宮古島では国内外来種で生態系へ影響を及ぼしています。安易に捕獲し、別の地域に逃したりしないようにしましょう。

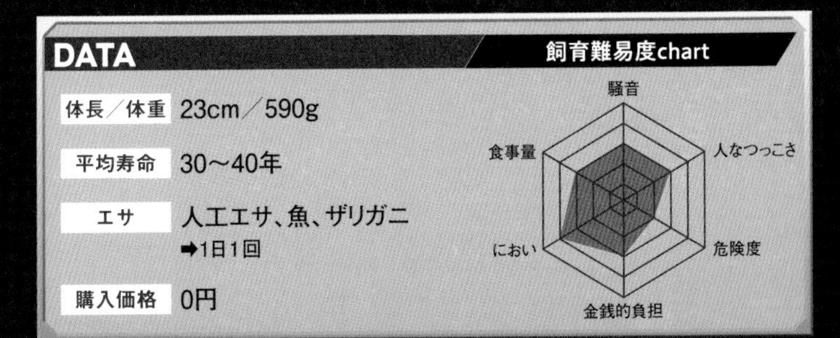

DATA

体長／体重	23cm／590g
平均寿命	30～40年
エサ	人工エサ、魚、ザリガニ ➡1日1回
購入価格	0円

ちゃんねる鰐の生き物講座　その2

これだけは知っておきたい カメの基礎知識

陸ガメは温度と紫外線管理を、水ガメは水換えをきちんを行おう！

カメは陸生と水生の２タイプがいます。それぞれの特性に合わせて飼育環境が違いますが、基本的に気温と水質の管理は徹底的に行いましょう。

陸ガメ

代表的な生き物 ケヅメリクガメ

陸ガメは歩き回るのが好きな生き物ゆえに、狭いケージではストレスになってしまいます。また気温管理が特に大切で、ケージにはスポットライトを当てた温かいエリアと、体を冷やせる涼しい場所をつくりましょう。

爬虫類用のケージまたは水槽（歩き回れるサイズ）

糞をしたら取り除き、定期的に床材を交換

バスキングライトと紫外線ライト

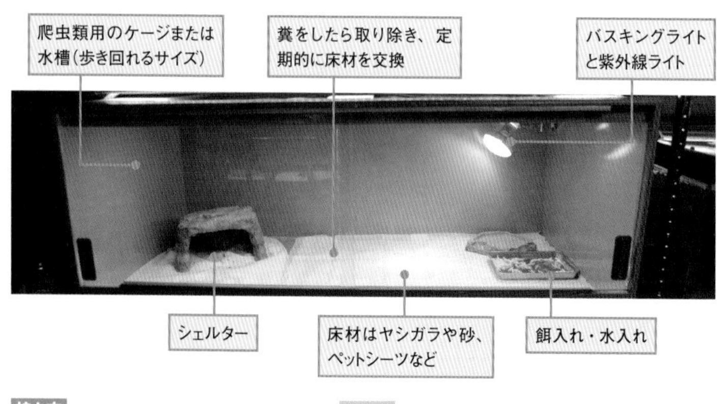

シェルター

床材はヤシガラや砂、ペットシーツなど

餌入れ・水入れ

持ち方

持つときは逆さにしない。逆さにすると内蔵に負担がかかる

エサ

カルシウムパウダーをまぶした小松菜や青梗菜を与え、他にも水菜やセロリ、パプリカ、ミニトマト、オクラ、かぼちゃ、にんじんなどバランス良く与える。専用のリクガメ用フードを与えてもOK

水ガメ

代表的な生き物 ミシシッピアカミミガメ、ウンキュウ、クサガメ

カメの排泄量は魚よりもはるかに上回るため、定期的な水換えと濾過装置の掃除が欠かせません。また、日光浴のためのライトとバスキングスポットをつくりましょう。

エサ
カメ専用の人工エサでOK。合わない場合はエビや魚を与える

持ち方
噛まれないようにお腹を左右から持つ。大きなカメであれば噛まれると大怪我に繋がる

カメの飼い方プラスα（アルファ）

冬眠をさせる必要はない!

冬眠のメリットは、季節感を体感させることで繁殖のスイッチを入れることができるという点と、エサ代や手間が減るというくらいです。繁殖を考えていなければ冬眠は必要ないでしょう。もし冬眠させる場合は、冬眠前はエサを与えず体の中にエサやフンが残らない状態にします。胃にエサが残ると冬眠中にエサが腐り体調を崩してしまいます。冬眠は明るいとできないのでカメが隠れられるよう落ち葉やミズゴケ、土などを入れてあげましょう。水が濃いグリーンウォーターでもOK。寒くなると自然に潜って冬眠します。

危険を感じるとボールのように丸くなる！

ボールパイソン

正式名称はボールニシキヘビといい、アフリカ西部に生息しています。いかにもニシキヘビといった感じの色、模様がかっこいいのですが、顔をよく見るとつぶらな瞳と可愛らしい口元をしています。成長するとそれなりに大きくなりますが、大きすぎて危険というほどではないので初心者でも飼いやすいヘビです。シミひとつ無い純白な体色に青色の眼、全身が美しいブルーアイリューシも飼育しています。ノーマルのボールパイソンは活発ですが、ブルーアイリューシは引っ込み思案な性格です。

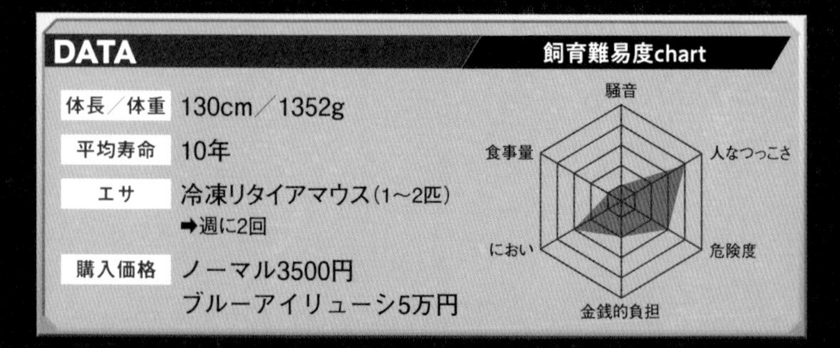

DATA

体長／体重	130cm／1352g
平均寿命	10年
エサ	冷凍リタイアマウス（1～2匹） ➡週に2回
購入価格	ノーマル3500円 ブルーアイリューシ5万円

飼い方のPOINT

POINT 1 低温に弱いので室温は30度をキープ

ボールパイソンは低温に弱く、温度が下がってしまうと呼吸器の病気などになりやすいです。室温はエアコンで30度に設定し、暖かい空気がたまりやすい高い位置にケージを置くといいでしょう。それでも足りなければ、暖突などの保温器具を併用してケージを温めてください。

POINT 2 エサはお湯でしっかり温めてから与える

視力があまりよくなく、夜行性でもあるニシキヘビは、暗がりでもエサが捕らえられるよう熱を感知する「ピット器官」というものを持っています。熱を感知してエサかどうか判断するので、冷凍ネズミなどを与えるときはしっかりと温めてから与えるようにしましょう。

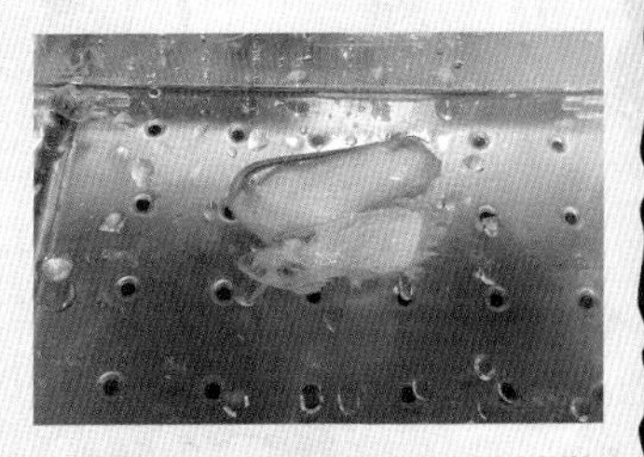

POINT 3 床材はチップタイプかペットシーツを活用する

ボールパイソンは、エサを週に2回程度しか与えないにも関わらず、結構しっかりとしたフンをします。フンをしたら丸ごと捨てられるように、床材にはペットシーツを敷いています。チップタイプでもいいですが、掃除の手間も省けますし、ケージ内を清潔に保つことができます。

▼ブルーアイリューシのボールパイソン。青色の眼が美しい……！

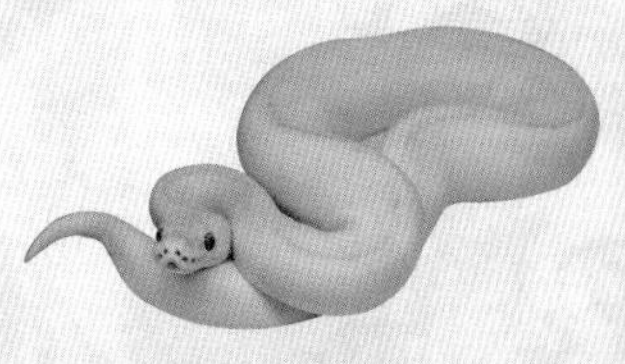

イノシシの鼻ような口先が名前の由来

セイブシシバナヘビ

北アメリカに生息するセイブシシバナヘビは、比較的太くて短い体型が特徴です。身の危険を感じると体を硬直させて口を大きく開け、お腹を見せて死んだふりをすることでも知られています。死んだふりがとても上手なので、死んだと思ってしまう飼い主もいるようです。「シシバナ」と名前についているとおり、イノシシのように反り返った口先が、つぶらな瞳と相まってアヒルのような可愛さがあります。また、水玉模様のような体の模様も可愛さに拍車をかけています。

DATA

体長／体重	50cm／191g
平均寿命	10年
エサ	冷凍ホッパーマウス（1～2匹） ➡週2～3回
購入価格	5800円

飼育難易度chart

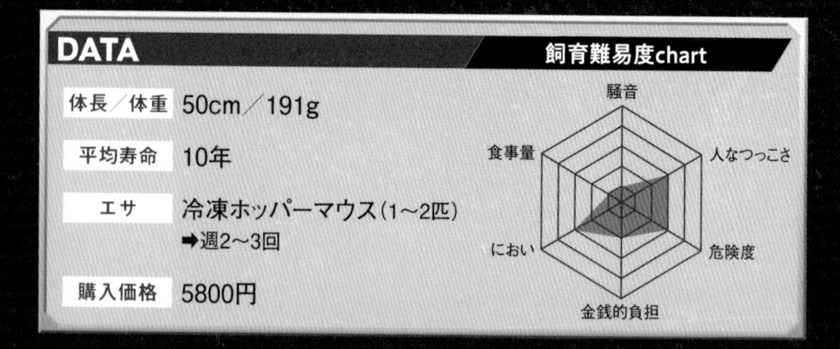

飼い方のPOINT

POINT 1 唾液に毒を持っているので噛まれないように注意

微弱なものではありますが、唾液に毒を持っているので絶対に噛まれないように気をつけてください。長時間噛まれると傷が腫れ、痛みを伴います。お世話をするときは革手袋をつけたほうがいいでしょう。ピンセットなどで軽く触れてみて、威嚇音を出すようなら要注意です。

POINT 2 気温が下がると「拒食モード」になる

ヘビにはよくあることなのですが、気温が下がると「拒食モード」になってしまい、数カ月拒食してしまうことがあります。健康な個体であれば数カ月拒食しても死んだりしませんが、食べてくれるに越したことはないので、一瞬でも温度を下げないように気をつけましょう。

POINT 3 室温は30度に設定。シェルターも用意する

寒い時期でも室温が下がらないよう、エアコンで30度前後をキープしましょう。ケージの高さは低いものでも可。成長すると活動的になってくるので、広さはある程度確保したほうがいいです。また、我が家では全身が隠れらるウェットシェルターを置いています。

眼がルビーのように赤いヘビ

コーンスネーク(ホワイトアウト)

北米に生息するコーンスネークは、細長い体で素早く動くのが特徴です。ボールパイソンと並び、初心者に最もオススメなヘビの1つと言われています。品種改良が盛んで、色や模様もさまざまなので自分好みの個体が見つかりやすいです。スノーやブリザードという種も白いですが、我が家で飼育しているホワイトアウトはさらに真っ白。子どものうちは真っ白ではないのですが、成長すると純白と言っても過言ではないほど白い体色になることと、ルビーのように美しい赤い眼が魅力です。

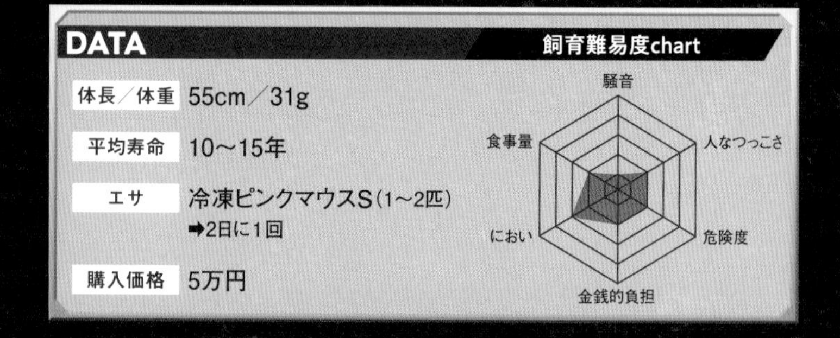

DATA

体長／体重	55cm／31g
平均寿命	10〜15年
エサ	冷凍ピンクマウスS(1〜2匹) ➡2日に1回
購入価格	5万円

飼い方のPOINT

POINT 1 消化器系が強くないので フンが出てるか必ずチェック

コーンスネークにはいろいろな品種がいますが、品種によって一部の器官が弱いことがあります。ホワイトアウトは消化器系があまり強くないと言われているので、ちゃんとフンが出ているか観察しながらエサを与えましょう。フンが出ていないときはエサを減らすか与える期間を空けます。

POINT 2 隙間から脱走しないよう ケージはしっかり塞ぐ

体が細長いコーンスネークは、隙間からでも脱走してしまうおそれがあります。特にベビーのときは体が小さくて細いので、ケージに空いたコンセントのコードを通す用の穴からも脱走できてしまいます。脱走しないよう、小さい隙間でもしっかり塞いで飼育するようにしましょう。

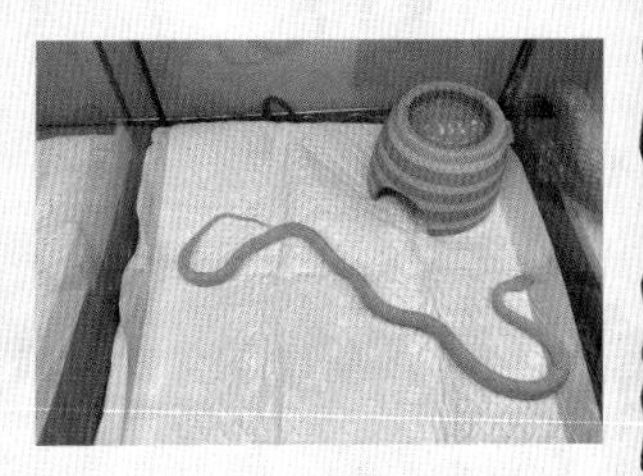

POINT 3 比較的丈夫な種だけど 温度管理はしっかりと

ヘビの中にはデリケートで環境の変化に弱い種もいますが、コーンスネークは比較的丈夫。ただし、もともと暖かい北米に生息しているヘビなので、室温は30度前後をキープしてあげましょう。我が家では、ケージに全身が隠れられるウェットシェルターも置いています。

パステルカラーの「ゆめかわ」系ヘビ

カリフォルニアキングスネーク(バンデットアルビノ)

カリフォルニアキングスネークは、カリフォルニア州の草原や森林地帯に生息しているヘビで、略して「カリキン」とも呼ばれています。あるときバンデットアルビノをTwitterで見かけ、「なんて美しいヘビなんだ！」と感動し、自分も飼ってみたいと思いお迎えしました。アルビノのヘビなのですが真っ白ではなく、クリーム色の下地に薄紫色の縞模様が入るのがまさに「ゆめかわいい」とでもいうような可愛さがあります。赤くつぶらな瞳もより一層可愛さを引き立てています。

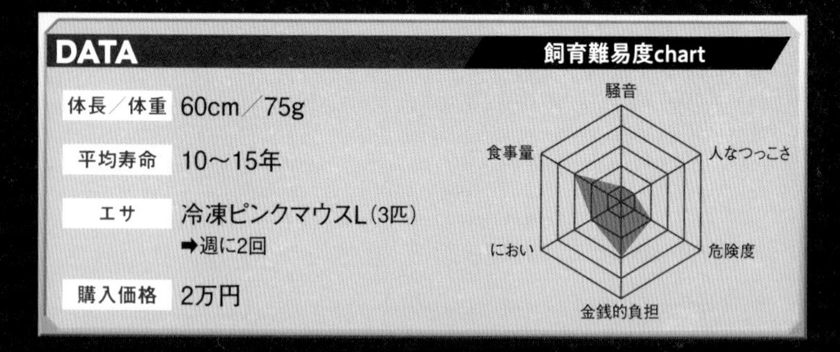

DATA

体長／体重	60cm／75g
平均寿命	10〜15年
エサ	冷凍ピンクマウスL(3匹) ➡週に2回
購入価格	2万円

飼い方のPOINT

POINT 1 エサと間違えて噛まれないように注意

カリフォルニアキングスネークは、他のヘビまで食べてしまうことから「キング」という名がついたほど、ものすごく食欲旺盛なヘビです。ケージ内に入ってくるものすべてをエサだと思っているので、エサと間違われて噛まれないように気をつけながらお世話をしてください。

POINT 2 尻尾が震えて音を鳴らしているときはハンドリングは控える

性格は比較的大人しいものの、環境によっては神経質になってしまう個体もいます。尻尾を震わせて音を出しているときは神経質になっている証拠ですので、ハンドリングやお世話をするのは控えましょう。無理に触ろうとすると噛みつかれるおそれがあります。

POINT 3 ケージにはシェルターと水入れを入れてあげる

飼育するケージには、体がすっぽり入るシェルターを入れてあげると落ち着きます。また、カリフォルニアキングスネークは水浴びが好きなので、全身が入る水入れも置いてあげてください。飲み水にもなるので、水入れの水はこまめに交換して清潔に保ちましょう。

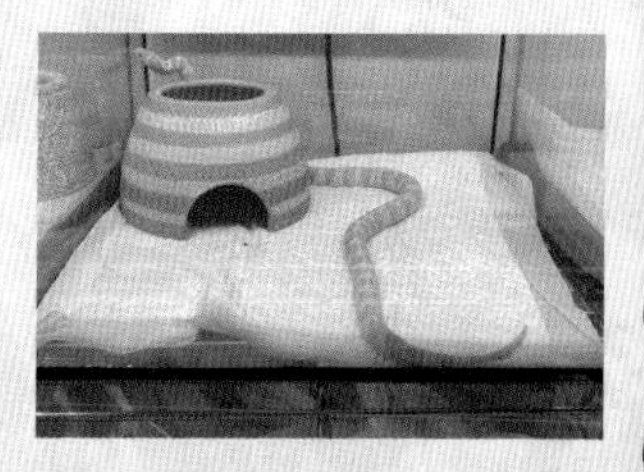

日本最大級の珍しいヘビ

サキシマスジオ

先島諸島や八重山諸島の平地から山地にかけての森林に生息するヘビで、毒はありません。日本最大級のヘビと言われていて、最大で2mになる個体もいます。最近では個体数が減り、自然の中で見かけることは稀だそう。体に黒斑があり、尻尾の部分が黒いスジになっているため、「スジオ」という名前に反映されています。少し細長くシュッとしたかっこいい顔立ちをしていることや、黄色地に黒い模様というのもかっこいいです。宮古島に行った際に友人が捕獲した個体を持ち帰り、飼育しています。

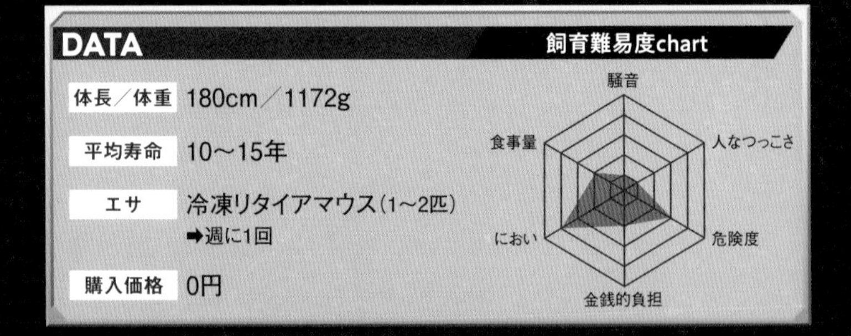

DATA

体長／体重	180cm／1172g
平均寿命	10～15年
エサ	冷凍リタイアマウス(1～2匹) ➡週に1回
購入価格	0円

飼い方のPOINT

POINT 1 ハンドリングするときは頭を押さえれば安心

気性が荒い個体もいますが、ヘビは手足がないので頭さえ押さえてしまえば怖いことはありません。素手でつかむときは、棒状のものなどで頭を押さえてから噛まれないように頭をつかみます。万が一噛まれてもいいように、お世話やハンドリングをするときは皮手袋をしましょう。

POINT 2 暖かい地域が原産なので温度管理はしっかりと

サキシマスジオは先島諸島などに生息するヘビなので、暖かい環境を好みます。室温は常に30度前後をキープできるように、エアコンで管理しましょう。成長すると大きくなるので飼育スペースもしっかり確保し、全身が浸かれる大きさの水入れも置いてください。

POINT 3 タイワンスジオと間違えて捕まえないように注意！

サキシマスジオによく似たタイワンスジオという種がいるのですが、こちらは台湾原産の特定外来生物なので、生きたまま持ち帰ったり飼育しようとすると違法になります。タイワンスジオは舌の色が青や黒っぽく、サキシマスジオは舌の色が赤いのでしっかり見分けてください。

野性味あふれるヘビ中のヘビ

ブラックラットスネーク（アルビノ）

アメリカに生息するヘビで、個体差はありますが成長すると全身が黒くなります。一般的に生き物はアルビノのほうが珍しいのですが、ブラックラットスネークは真っ黒な個体のほうが珍しく、アルビノやリコリススティックスという背面に斑点模様がある種類のほうが一般的です。我が家の個体はアルビノで、真っ白ではなくクリーム色の下地にオレンジの色の模様が入った体色をしています。もともと友人が飼育していましたが、諸事情により飼育できなくなったため引き取りました。

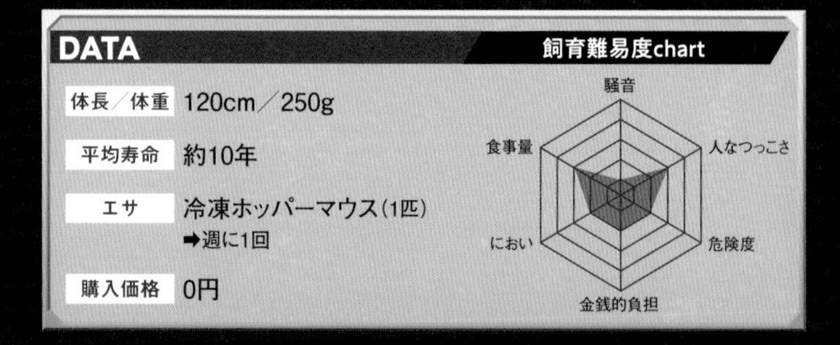

DATA

体長／体重	120cm／250g
平均寿命	約10年
エサ	冷凍ホッパーマウス（1匹） ➡週に1回
購入価格	0円

飼い方のPOINT

POINT 1 食欲旺盛だから噛まれないように注意

気持ちがいいほど食欲旺盛で、ケージの中に入ってくるものすべてをエサだと思ってしまいます。メンテナンス時に手を入れると、エサと間違えて噛まれることも。万が一噛まれてもそれほど痛いわけではありませんが、なるべく皮手袋をしてお世話をしたほうが安心です。

POINT 2 水をよく飲むので水入れを空にしない

ケージには、体がすっぽり入るシェルターを設置してあげましょう。特にまだ慣れていないうちは隠れられるシェルターがあったほうが落ち着きます。水入れも体全体が浸かれる大きさのものがベスト。水をよく飲むので、水入れが空にならないように気をつけてあげてください。

POINT 3 もし拒食になってしまったら環境を見直す

基本的には拒食にならない種ですが、温度や湿度不足、ハンドリングのしすぎなどによって拒食になってしまうことがあります。エサを食べない場合は環境を見直してあげてください。ただし、脱皮の準備に入ってから脱皮が完了するまではエサを食べないので、拒食状態ではありません。

鋭い目つきと岩肌模様が特徴的

ヨナグニシュウダ

与那国島の森林や雑木林などに生息。サキシマスジオと並ぶ日本最大級のヘビで、体長は最大で240cmまで成長します。地上性のヘビではありますが、とても活発で木登りも得意です。日本のヘビは、マムシなどの毒ヘビを除いて基本的に可愛らしい顔立ちをしているのですが、ヨナグニシュウダはキリッとした目つきで、かっこいい顔立ちをしているところが魅力。岩のような灰色の体色も渋いですね。我が家では、与那国島に行ったときに捕獲した個体を飼育しています。

DATA

体長／体重	180cm／874g
平均寿命	約10年
エサ	冷凍リタイアマウス（1匹） ➡週に2回
購入価格	0円

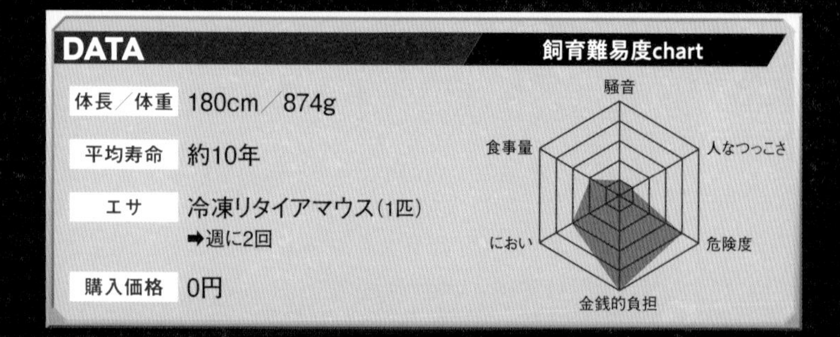

飼い方のPOINT

POINT 1 危険を感じたときに出す悪臭に気をつけて！

臭蛇（シュウダ）という名前のとおり、興奮したり身の危険を感じたりすると臭いニオイを噴出します。その臭いは服に付着してしまうと洗っても落ちないと言われるほど強烈ですから、ハンドリングするときやお世話をするときはなるべく刺激しないように注意しましょう。

POINT 2 興奮しているときはなるべく近づかないように

シュウダという種類は性格が荒い個体が多く、興奮すると体を膨らませてシューッと音を立てながら威嚇してきます。それでも相手が怯まない場合は噛みついてくるので、興奮しているときはなるべく近づかないようにしましょう。お世話をするときは皮手袋をしたほうが安心です。

POINT 3 大きく成長することを見込んでケージは大きいものを

最大で240cmまで成長する日本最大級のヘビなので、広い飼育スペースが必要になります。室温は30度前後に保ち、ケージ内には全身が浸かれる水入れと、全身が隠れる大きさのシェルターを設置しましょう。湿度が足りないと脱皮できないこともあるので水入れは必須です。

日本のヘビの代表種

アオダイショウ

「日本のヘビといえばアオダイショウ」というほどメジャーなヘビ。アオダイショウという名前のとおり、特にお腹が青く輝いていて美しさも兼ね備えています。アオダイショウは本州最大のヘビで、我が家で飼育している個体も2m近くあり非常に立派な体躯をしているのが魅力。性格はおとなしく、初心者でも飼育しやすいヘビです。ある日散歩をしながらふと川を眺めていると、非常に大きく立派なアオダイショウがいたので素手で捕獲。そのままリュックに入れて連れ帰り、飼育しています。

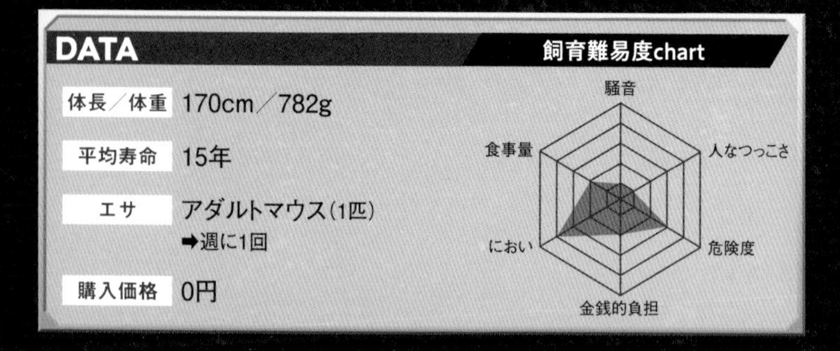

DATA

体長／体重	170cm／782g
平均寿命	15年
エサ	アダルトマウス（1匹）➡週に1回
購入価格	0円

飼い方のPOINT

POINT 1 野生のヘビを捕獲した場合は人に慣れていないことも

野生のアオダイショウを捕まえたばかりのときは、まだ人に慣れていないので威嚇したり、噛みついてこようとしたりします。毒はありませんが、万が一噛まれたときのために皮手袋をしてお世話をしたほうがいいでしょう。野生のヘビならではの独特の体臭もあるので直接触れないように！

POINT 2 木登りも好きなので登り木を置いてあげる

アオダイショウは地上にいることも多いですが、基本的には木の上も好むヘビなので60cm以上の高さがあるケージで飼育するのが理想です。ケージの中には登り木用の流木などを入れてあげてください。登り木はヘビの胴体より2〜3倍太く、しっかりしたものがいいでしょう。

POINT 3 ケージには水入れを置いて湿度の管理も忘れずに

2カ月に1回ほど脱皮をするのですが、湿度が足りないと脱皮不全を起こし、脱皮できなかった部分は最悪の場合壊死してしまうおそれがあります。体全体が浸かれるくらいの水入れを設置し、それでも湿度が足りないようなら霧吹きで水をかけるなどしてあげてください。

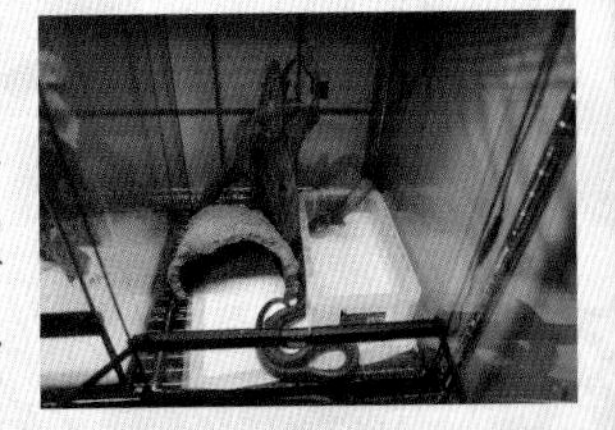

ちゃんねる鰐の生き物講座　その３

これだけは知っておきたい
ヘビの基礎知識

ヘビの飼育は、
体温管理と湿度に気をつけよう！

ヘビは変温動物のため、体温を自分で調整することができません。ヘビは比較的飼いやすいですが、気温や湿度の管理に気を使う必要があります。

環境

ヘビの飼育は温度管理が必須のため、特に冬と夏の室温に注意しましょう。ヘビによって温度が違いますが、だいたいが 25 ～ 30 度。エアコンやヒーターを使い、一定温度を保つように心がけてください。

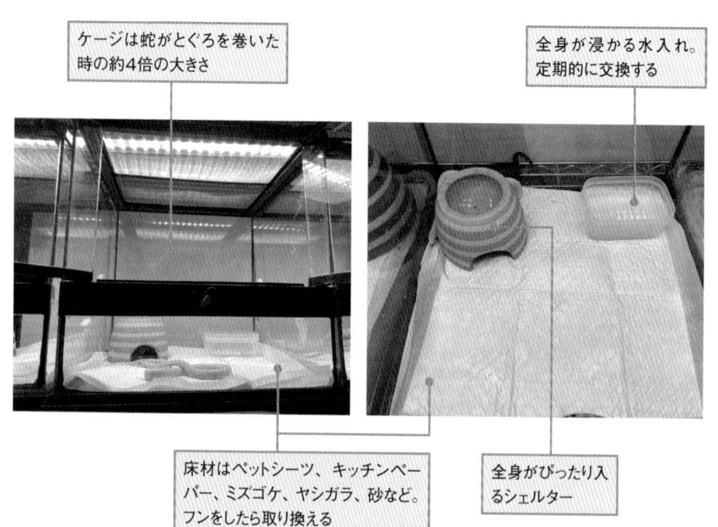

ケージは蛇がとぐろを巻いた時の約4倍の大きさ

全身が浸かる水入れ。定期的に交換する

床材はペットシーツ、キッチンペーパー、ミズゴケ、ヤシガラ、砂など。フンをしたら取り換える

全身がぴったり入るシェルター

エサ

基本的にネズミのみで、エサ用のマウス（ハツカネズミ）やラット（ドブネズミ）をヘビの大きさに合わせて与えています。ヘビの胴体の一番太い部分がマウスの大きさの目安。種類によっては鳥やカエル、ヤモリやトカゲを好むヘビもいます。

左からアダルトマウス、ホッパーマウス、ピンクマウスL、ピンクマウスS、ヒナウズラ

持ち方

口元に手を出すとエサと勘違いして噛まれてしまう事があります。首と胴体をやさしく持ち、安定した状態でゆっくり持ち上げます。気の荒いヘビや機嫌の悪いときは、噛まれてしまうので革手袋を着用しましょう。危険なヘビは棒などで首元を抑え、噛まれないように口のほうを持ちます。スネークフックという専用の棒を用いて移動させる方法もあります。

ヘビの飼い方プラスα（アルファ）

脱皮前は目が白くなる

成長段階にもよりますが、ヘビは1ヶ月〜数ヶ月に一度脱皮します。脱皮には湿度が重要で、湿度がないと脱皮不全を起こしてしまう可能性があります。脱皮前はヘビの目が白くにごるので一目瞭然。その場合は、全身が浸かれる水入れを用意し、湿度を上げましょう。濡れタオルをケージに入れたり、直接加湿器を入れてもOKです。また、蛇は手がないため体をこすりつけて皮を剥いていきます。皮が剥けやすいゴツゴツしたもの（シェルターなど）を入れてあげると脱皮しやすいです。

これぞ男の憧れ！　爬虫類最強のワニ！

ブラジルカイマン

ハンドルネームの由来にするほど、ずっと「ワニ」という生き物に憧れがありました。怪獣好きの自分としては、この世に存在する生き物の中で最も怪獣っぽい生き物であるワニに惹かれないわけがありません。さまざまなワニのことを調べたところ、個人でも飼育できるワニがブラジルカイマンでした。鋭い牙、ゴツゴツした背中、トゲトゲしい尻尾に鋭い目つきなど、他の爬虫類とは隔絶したかっこよさがあります。ワニの中では小型とはいえ、特定動物なので飼育には許可が必要です。

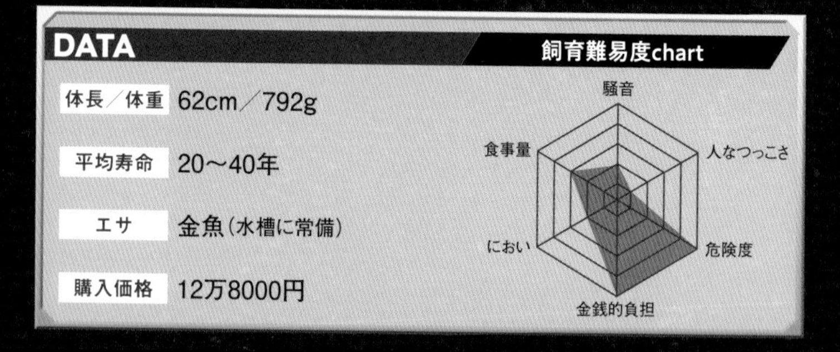

DATA

体長／体重	62cm／792g
平均寿命	20〜40年
エサ	金魚（水槽に常備）
購入価格	12万8000円

飼い方のPOINT

POINT 1 非常に危険！相当な覚悟がなければ飼育できない

ワニは非常に魅力的な生き物ですが、とても危険な生き物です。一番小さい種類であるブラジルカイマンですら、まともに噛まれれば指がなくなってしまいます。大型種であれば命の危険も。相当な覚悟がある人だけが飼育を許される生き物なので、安易な気持ちで飼育しないでください！

POINT 2 持つときは首元を押えて革手袋を必ずつける

子どものうちは皮手袋をしていれば噛まれても痛くはありませんが、大人になったらそうはいきません。万が一のことを考えて、子どものうちから噛まれないように注意する習慣をつけておきましょう。ハンドリングするときは、首元を押さえて口が動かないように持つと安全です。

POINT 3 ケージ内には水場と陸地をつくる

ワニを飼育するケージには、水場と陸地の両方が必要です。我が家では水槽に水を張り、水質浄化のために投げ込み式ろ過装置を入れています。また、錆びたり腐ったりしないようプラスチック製のコンテナを逆さにして人工芝を結束バンドでつけたオリジナルの陸地をつくりました。

Column

爬虫類を飼いはじめるとゴキブリに慣れてくる!

今でこそエサ用に数種類のゴキブリを飼育・繁殖し、素手でお世話していますが、**最初はゴキブリを飼育することに嫌悪感があり、**虫食の爬虫類にはコオロギを与えていました。

でも、コオロギはよく鳴くのでうるさいし、ジャンプして逃げるし、少し放っておくとすぐに水切れや共食いでバタバタと死んでいきます。そして、死ぬと結構臭い！

一方、エサ用として最も一般的な**アルゼンチンモリゴキブリ**（通称デュビア）は鳴かない、ジャンプしない、飛ばない、脱走しない、足が遅いので捕まえやすい、少し放っておいても死なない、など**いいことづくめの生物**なんです。

最初こそ触るのも嫌で１匹１匹ピンセットでつまんでいましたが、何かの拍子に容器をひっくり返してしまったり、脱走させてしまったりしているうちに、いちいちピンセットを探すより素手で捕えて容器に戻すほうが早いと気づき、今ではすっかり慣れてしまいました。**デュビアに慣れると他のゴキブリへの抵抗もなくなり、今ではペット用にゴキブリを飼育するまでになっています。**

▲「ゴキブリ3000匹の飼育ケースを久々に掃除したら凄かった…」
https://www.youtube.com/watch?v=Xp-VSOvExTA

Chapter 2

両生類

カエルやイモリ、サンショウウオなどの両生類をご紹介。
色鮮やかで個性のある面白さを実感しよう。

見た目と鳴き声のギャップがたまらない

マルメタピオカガエル

アルゼンチンやボリビアなど南米に生息するカエルで、通称「バジェットガエル」とも呼ばれます。水生傾向が強いため基本的には水の中で生活していて、大きな目を水面に出して獲物を待ち伏せし、捕獲する習性があります。飼育も難しくはないので、初心者向き。なんとも言えない間の抜けた顔が可愛くてお迎えしました。顔が大きくて、二頭身になっているのも可愛さに拍車をかけています。口を開けたときに見える下の前歯も、歯が生えそろっていない子どもみたいで可愛らしいですね。

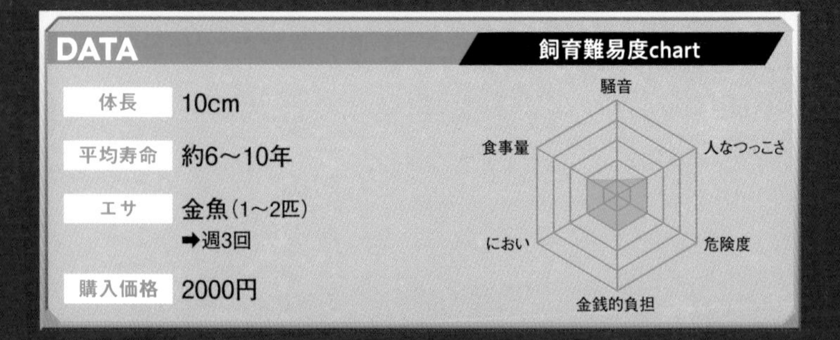

DATA

体長	10cm
平均寿命	約6〜10年
エサ	金魚（1〜2匹）➡週3回
購入価格	2000円

飼い方のPOINT

POINT 1 飼育はプラケースがオススメ！ 水換えが簡単にできる

我が家ではただのプラケースに水を入れただけ、という一見雑にも見える飼い方をしていますが、実はこのカエルの飼育にはぴったり。透明度が低く観察はしづらいですが、ガラスよりも軽く、ちょっとぶつけたり落とした程度では割れません。水換えをするのが圧倒的にラクなんです！

POINT 2 カエルは肌が弱いので 触れるときは手を冷やしてから

両生類全般に共通することではありますが、マルメタピオカガエルのような水生傾向の強いカエルは特に肌があまり強くないので、素手でそのまま触ると負担をかけかねません。どうしても素手で触る必要があるときは、流水で手を冷やしてからにすることをオススメします。

POINT 3 鳴き声はカワイイけど 無理に鳴かせるのはNG

マルメタピオカガエルは鳴き声が可愛いことで有名なカエルですが、鳴き声には個体差があります。カエルは犬や猫のようにじゃれて鳴くわけではなく、身の危険を感じたり、興奮したりしたときに鳴きます。わざと驚かせて鳴かせることは生体のストレスになるのでやめましょう。

▼「ンピャアア」と鳴く声がとってもキュート

いろんなカラーを楽しめる！

クランウェルツノガエル
（ストロベリーレッド・ミュータント）

クランウェルツノガエルはカエルの中で最も品種改良が進んでいて、白や黄色、緑、茶色、青などさまざまな体色や模様の個体がいます。どっしりとした体型と旺盛な食欲に惹かれツノガエルを飼おうと考え、お迎えしたのがストロベリーレッドです。その後、ミュータントという体が真っ白に変異する個体がいることを知ってお迎え。体色が白く抜けていくミュータントにもグレードがあるのですが、我が家の子は完全に色が抜けきっており、美しい白色の理想的なミュータントです。

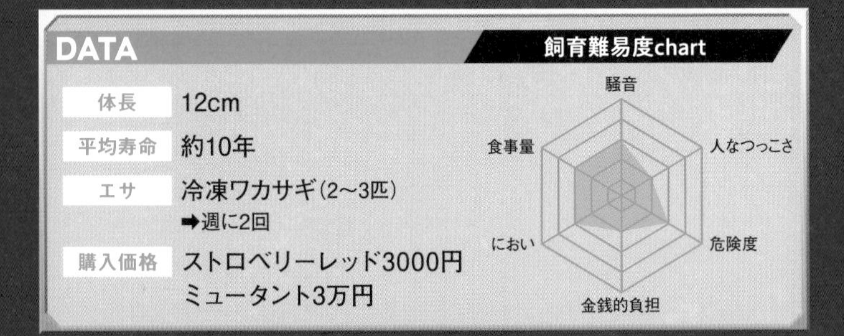

DATA

体長	12cm
平均寿命	約10年
エサ	冷凍ワカサギ（2～3匹） ➡週に2回
購入価格	ストロベリーレッド3000円 ミュータント3万円

飼い方のPOINT

POINT 1 カエルには牙がある！ 顔の前に手は出さない

目の前にあるもの全てをエサだと勘違いして噛みつこうとするバカさが逆に可愛いくてたまらないのですが、カエルといえど牙があり、それなりに噛む力も強いので噛まれれば流血は必至。水換えの際など、ツノガエルを持つときは顔の前に手を出さないように気をつけましょう。

ミュータント

POINT 2 床材は汚れ具合がわかりやすいウールマットがオススメ

床材はソイル、ミズゴケなどさまざまなものを使用してきましたが、床材の汚れ具合がわかりづらいのが難点でした。腹部から水を飲むカエルは、床材や床が悪いと体調を崩しやすくなってしまいます。ウールマットなら汚れ具合がわかりやすい上に掃除もしやすく、衛生的です。

POINT 3 大きくなったら脱走に注意！ フタのあるケースを用意する

アクリルボックスでの飼育は水換えがしやすく便利なのですが、成長して個体が大きくなるとフタのない小さなアクリルボックスでは、簡単に脱走されてしまいます。小さいころはフタなしでも大丈夫ですが、大きくなってきたら脱走しないようフタつきのケースに替えましょう。

食べるときの「ベロン！」音がたまらない

アズマヒキガエル

日本固有のヒキガエルで、山や住宅地など広い範囲に生息するカエル。背中にはイボがあり、このイボから毒を分泌します。どっしりとした体型とゆっくりとした動きが可愛く、茶色い体色や体側に入る黒いラインが渋くてかっこいいです。よく見ると顔立ちも可愛らしく、何より魅力的なのは捕食のときに出る音。口を開けて舌を伸ばして捕食するのですが、「ベロン！」という感じの高音の音が特徴的で、その音が聞きたいがために飼育していると言っても過言ではないかもしれません。

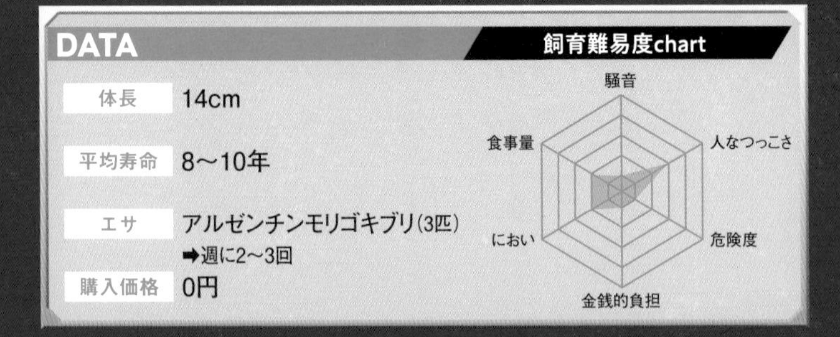

DATA

体長	14cm
平均寿命	8〜10年
エサ	アルゼンチンモリゴキブリ(3匹) ➡週に2〜3回
購入価格	0円

飼い方のPOINT

POINT 1 全身が入る水入れとシェルターを用意する

アズマヒキガエルは陸生傾向が強いカエルですが、水も必要とするので全身が浸かれる大きさの水入れを設置してあげましょう。また、隠れることが好きなカエルなので、全身が入るシェルターも置いてください。生息している環境に合わせて我が家では床材に黒土を敷いています。

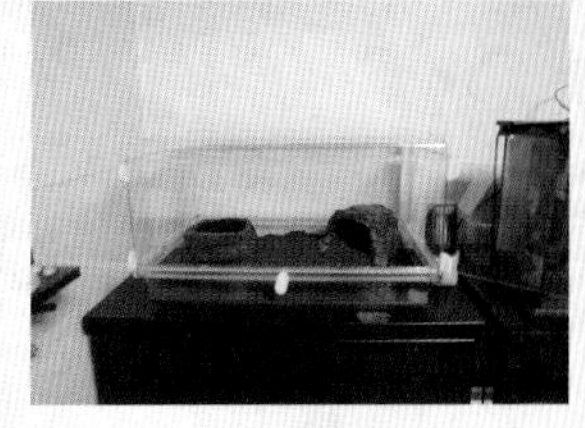

POINT 2 ケースは小さめでOK！我が家では小動物用のケージを使用

あまり活動的なカエルではないので、飼育するケース自体は小さくても大丈夫。我が家ではグラスハーモニーという小動物用ケースで飼育しています。爬虫類ケージで問題ありませんが、このケースは上下が分離でき手入れが簡単なのと、プラスチックで軽いためあえて使用しています。

POINT 3 イボに毒があるので素手で触ったあとは必ず手洗いを

アズマヒキガエルは体表にあるイボから毒を分泌します。素手で触ることは避け、素手で触ってしまった場合は目や口に触れずにすぐに手洗いすることを徹底してください。万が一口に入ったり粘膜に付着したりしてしまうと、嘔吐や下痢、痛みを伴うおそれがあります。

ポッチャリ系のカエル界の横綱

アフリカウシガエル

アフリカのサバンナに生息するカエルで、乾季は土に潜り、雨季になると地表に出てきます。オスは最大で240mmまで成長することもあるほど大型。かぼちゃかと思うくらい大きな体躯に惹かれて飼育しはじめました。深緑の体色と、体に入る無数のイボが重厚感をかもし出しているのがかっこいいです。裏返すとお腹はつるっとしていて大福みたいなところは可愛いですね。野生下では、カエルなのに小型の哺乳類や鳥類でさえ捕食してしまうという点にもロマンを感じます。

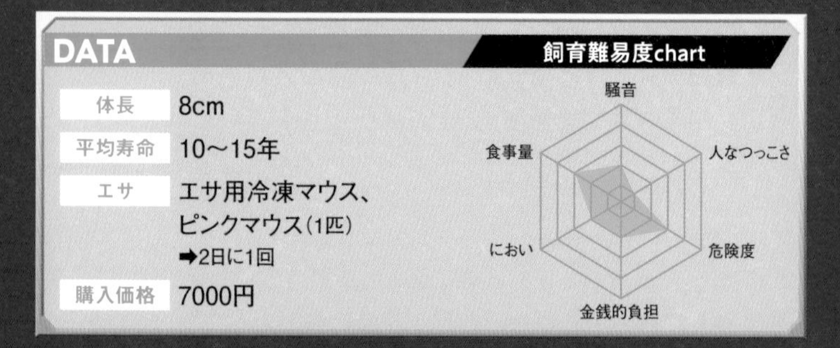
DATA

体長	8cm
平均寿命	10～15年
エサ	エサ用冷凍マウス、 ピンクマウス(1匹) ➡2日に1回
購入価格	7000円

飼い方のPOINT

POINT 1 ツルツル派？　ボコボコ派？ 飼育環境で体表が変わる

アフリカウシガエルは、水場メインの環境で飼育すると体表がツルッと、陸地メインの環境で飼育するとボコボコとしたイボが目立つように育つそうです。イボこそアフリカウシガエルの魅力の一つだと考えているので、我が家では陸地メインで水場は水入れを置くだけにしています。

POINT 2 乾燥に強いけど水場は必要。水入れを用意する

サバンナ出身のカエルで乾燥には強いですが、実は皮膚から水を吸収しています。全身が浸かれる大きさの水入れを設置して、水は常にキレイに保つようにしてください。低温に弱いので、エアコンやヒーターで25度以上の室温をキープするようにするといいでしょう。

POINT 3 攻撃性がとても高い！ 不用意に手を近づけないように

アフリカウシガエルは普段はじっとしていることが多いですが、実は攻撃性が高い性格をしています。不用意に顔の前に手を出すと噛みつかれることがありますので、気をつけてください。毒は持っていませんが、噛む力が強いため噛まれると出血するおそれがあります。

奇妙すぎるペッタンコなカエル

ピパピパ

南米に生息する水生のカエルで、正式名称はコモリガエル。ヒラタピパやピパとも呼ばれます。陸に上がることはめったになく、一生のうちほとんどを水の中で過ごします。扁平な見た目が特徴で、車に轢かれたのかと思うような外見は他の生き物にはない個性であり、魅力。エサを食べるときの手でかき込むようにして口に押し込む仕草も可愛いです。また、メスは背中のくぼみに卵を埋め込み、オタマジャクシからカエルに成長するまで背中で育てるのですが、そんな生態も面白いと思っています。

DATA

体長	15cm
平均寿命	5〜10年
エサ	金魚(2〜3匹) ➡週に2〜3回
購入価格	1万円

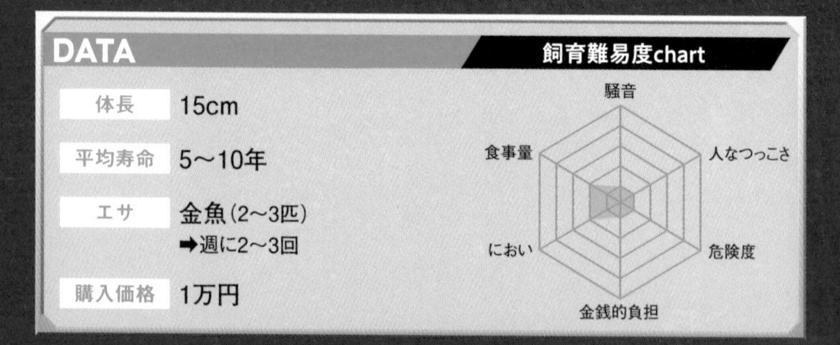

飼い方のPOINT

POINT 1 呼吸できるよう起き上がれば顔が出る程度の水位に

完全水生のカエルではありますが、呼吸をするときは水面に顔を出します。飼育するときは、少し起き上がれば呼吸ができる程度に水を張りましょう。慣れるまでは水位の調節が難しいと思いますので、カエルが登れるブロックなどを入れて段差をつくってあげるといいですね。

POINT 2 ケース内の水は常にキレイに。水質は徹底的に管理する

ピパピパは完全水生のカエルです。ほとんど水の中で過ごすので、飼育水は常にキレイに保ってあげましょう。フンや残エサを見つけたら全ての水を換えてあげてください。軽量のプラケースで飼育すると水換えがラク。水温は25度前後を保つようにしてくださいね。

POINT 3 エサの与えすぎに注意！週に2～3回でOK

野生下では、獲物を待ち伏せし食べられるときに食いだめする習性があります。そのため、エサを与えれば与えるだけ食べてしまい、体調不良を引き起こすことがあるのでエサのやりすぎには注意してください。我が家では週に2～3回、生きた金魚を2～3匹与えています。

黒に映えるオレンジ色のイボが美しい

ミナミイボイモリ

中国南部からヒマラヤの山地に生息する、ほぼ陸生のイモリです。黒褐色の地色に映えるオレンジのイボが特徴的で、体色の美しさが人気。繁殖が盛んにされている種のためか、人に慣れやすいようで、我が家の個体もケージを開けると歩いて寄ってきます。他のイモリはピンセットからエサを与えていますが、この子だけは手からもエサを食べてくれるのが可愛すぎます！活発で愛嬌があり、飼育もそれほど難しくないので、陸生のイモリを飼ってみたいと思う方にオススメです。

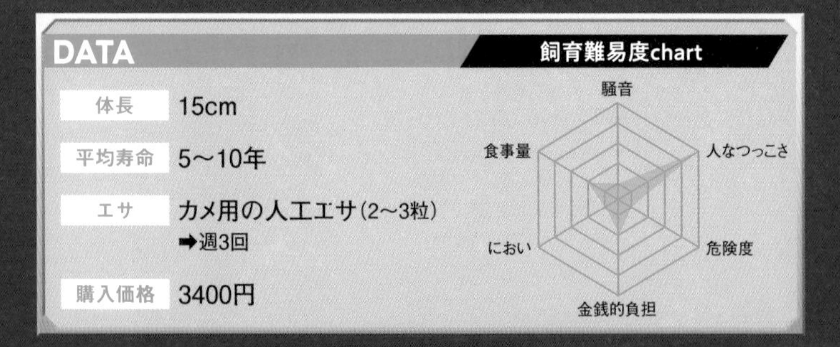

DATA

体長	15cm
平均寿命	5〜10年
エサ	カメ用の人工エサ（2〜3粒）➡週3回
購入価格	3400円

飼い方のPOINT

POINT 1 湿度を保つためコケを植える

ほぼ陸生のイモリですが、野生下では水辺の近くに生息していることもあって湿度は必要です。我が家ではケージに土を敷き、コケを植えてコケリウムにしています。コケの生育のためにも湿度は必要なので、定期的にケージ内に霧吹きをし、水入れも設置しています。

POINT 2 暑さに弱いので 夏はエアコンで20度をキープ

イモリなどの有尾類は低温を好みます。夏は室温が 25 度以上になると体調不良を起こし、最悪の場合死んでしまうおそれがあるので、温度管理は特に注意してください。我が家では冬は暖房が届かないところに、夏はエアコンで 20 度に設定している部屋にケージを置いています。

POINT 3 エサは昆虫がメインに。 カメ用の人工エサでもOK

ミナミイボイモリはコオロギやミールワーム、ハニーワームなどの昆虫を食べます。我が家ではカメ用の人工エサであるレプトミンスーパーを週3回程度、2〜3粒ふやかして与えています。生き餌を好みますが、イモリ用に販売されているものなら人工エサでも問題ありません。

つぶらな瞳をもつ小さな「ゴジラ」

マンシャンイボイモリ

ゴジラのように黒くゴツゴツした外見に惚れ、イボイモリを飼育したい！　と思ったのですが、日本に生息するイボイモリは天然記念物で飼育ができません。そこで、似ている中国産のイボイモリを飼育しようと探していたところ、懇意にさせて頂いているショップでマンシャンイボイモリと出会いお迎えしました。動きは緩慢で、顔をよく見ればつぶらな瞳をしていて可愛らしいです。輸入されるタイミングが不定期で入荷量も少ないので、飼いたい人は見つけ次第買ったほうがいいと思います。

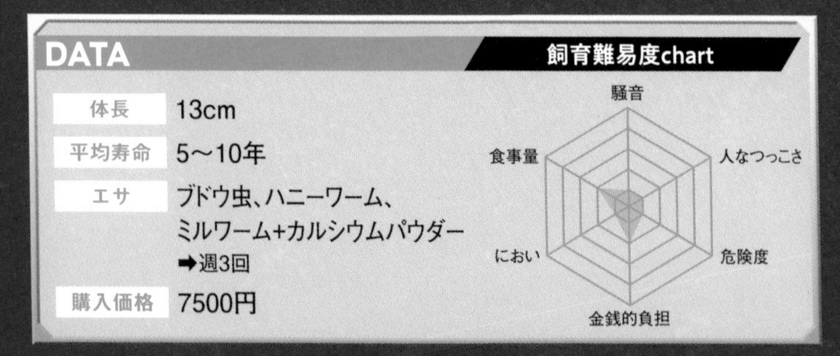

DATA

体長	13cm
平均寿命	5〜10年
エサ	ブドウ虫、ハニーワーム、ミルワーム+カルシウムパウダー ➡週3回
購入価格	7500円

飼い方のPOINT

POINT 1 長期間の引きこもりに注意！引きずり出してでもエサをあげる

マンシャンイボイモリは引きこもりがちな生き物で、放っておくと数週間姿を見かけないなんてこともあります。そのまま引きこもらせているとどんどん痩せてしまうので、しばらくエサを食べていないようだったら引きずり出してでもエサを与えたほうがいいでしょう。

POINT 2 いろいろなエサをバランスよく。外にいるなめくじでもOK

我が家の個体はまだ人工エサに慣れておらず、ウニョウニョした生き物しか食べてくれません。かと言って同じエサばかりでは栄養が偏ってしまうと思うので、外でなめくじを採集するなどして、さまざまなエサを与えるようにしています。たまにアメリカミズアブの幼虫も与えます。

POINT 3 夏場、冬場はエアコンで温度管理をしっかりと

我が家ではミナミイボイモリ、コイチョウイボイモリ、マダライモリと同じケージで飼育しています。イモリなどの有尾類は低温の環境を好むので、冬は暖房が届かないところに、夏はエアコンで20度に設定している部屋にケージを置くようにして温度管理をしています。

ミナミイボイモリと同じ仲間

コイチョウイボイモリ

中国の山地に生息するイモリで、ミナミイボイモリと似ています。ゴツゴツとした体表と体に入る赤いラインに男心をくすぐられますし、イモリ特有のつぶらな瞳とゆっくりとした動きは可愛いというほかありません。すでにマンシャンイボイモリとミナミイボイモリを飼育しており、同じ中国産イモリ同士一緒に飼うのも楽しそうだと思っていたところ、あるイベントで状態のいい個体を見つけたのでお迎えしました。複数のイモリと同居しているため、ケンカしないか気を配って飼育しています。

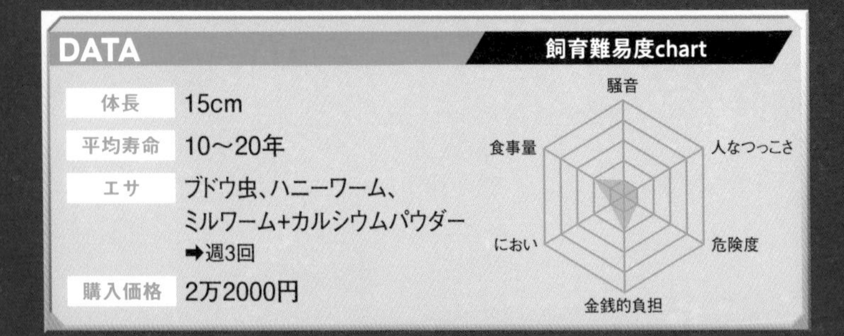

DATA

体長	15cm
平均寿命	10〜20年
エサ	ブドウ虫、ハニーワーム、ミルワーム+カルシウムパウダー ➡週3回
購入価格	2万2000円

珍しい緑色のイモリ

マダライモリ

イベリア半島北部からフランス西部にかけて生息しているイモリで、イモリとしては珍しく緑色の体色をしています。イモリといえば赤と黒というイメージだったので、初めて写真を見たとき「緑色のイモリなんているのか！」と衝撃を受けました。

オスは水中で飼育すると背びれが伸びて、ステゴサウルスのような見た目になるのもこの種の面白い点です。高温に弱いので低温を保つよう心がけ、エアコンだけで温度調節ができないときはアクアリウム用の冷却ファンも使用しています。

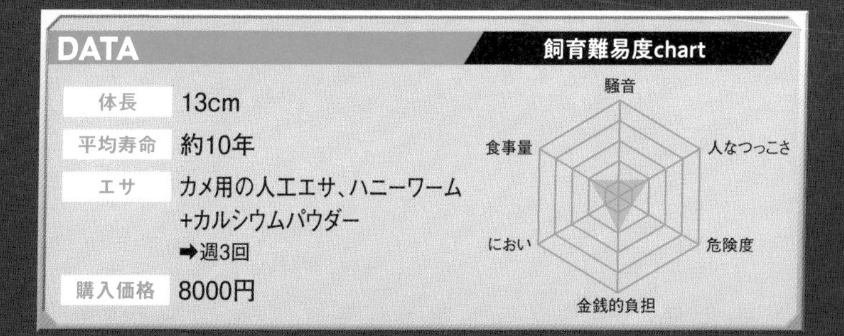

DATA

体長	13cm
平均寿命	約10年
エサ	カメ用の人工エサ、ハニーワーム+カルシウムパウダー ➡週3回
購入価格	8000円

派手な色彩に目がくぎづけに

タイガーサラマンダー

北米大陸に生息している最大の陸生有尾類です。最大全長30cmまで成長するその体躯と、黒地に黄色いラインというまさにタイガーのような配色が男心をくすぐります。また、濡れたナスのような独特の質感も魅力です。顔を見るとなんとも間の抜けたアホ面で、エサを取るのがヘタクソなところもアホっぽさに拍車をかけて可愛いです。エサを取るのが下手なくせに、取り逃すと拗ねるのかしばらく食べなくなるので、時間をおいてから与えるようにするといいでしょう。

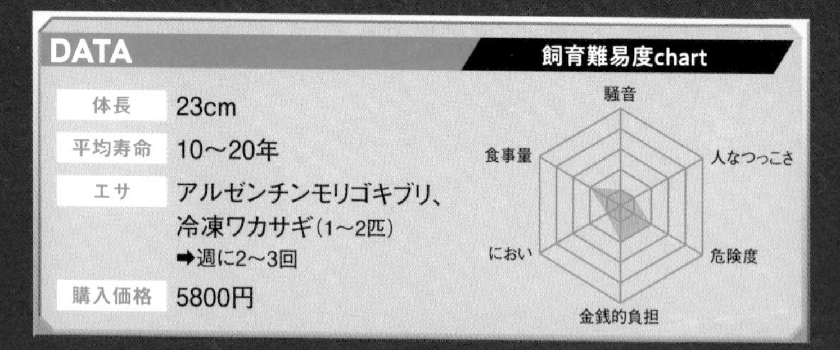

DATA

体長	23cm
平均寿命	10〜20年
エサ	アルゼンチンモリゴキブリ、冷凍ワカサギ（1〜2匹） ➡週に2〜3回
購入価格	5800円

超レアなアルビノタイプ！

タイガーサラマンダー(アルビノ)

タイガーサラマンダーのアルビノで、乳白色とピンクの混じり合った体色がなんとも美しいです。まるで洞窟棲の生き物のような不気味さに魅力を感じます。アルビノのせいか少し神経質で、エサ用ゴキブリの足が顔に触れると嫌がって食べなくなるので、足が触れないように与えたり、足を抜いてから与えるようにしています。また、硬い石を陸地にすると皮膚にダメージを与えるおそれがあるので、小動物用ケージに水を張り、炭化コルクボードの陸地を入れて飼育しています。

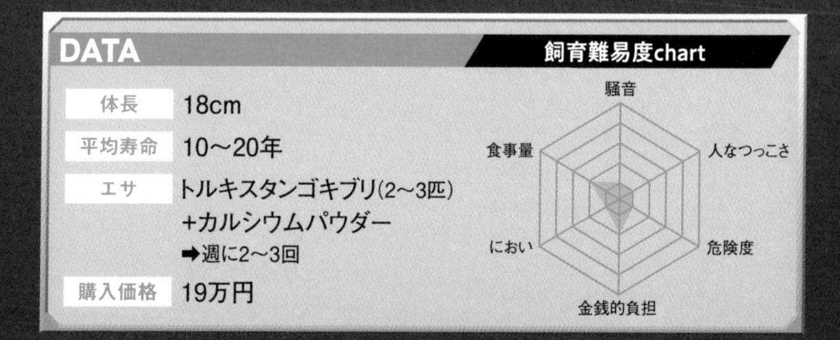

DATA

体長	18cm
平均寿命	10〜20年
エサ	トルキスタンゴキブリ(2〜3匹) +カルシウムパウダー ➡週に2〜3回
購入価格	19万円

愛くるしい顔が大人気！

ウーパールーパー（ウルトラショートボディブラック）

ウーパールーパーの正式名称はメキシコサンショウウオ。ウーパールーパーといえば白くて黒目の印象があるかもしれませんが、品種改良が進んでおり、黒やまだら模様、白くて赤目、白と黒のまだら模様など、さまざまな色や模様の個体がいます。

我が家の個体はウルトラショートボディで、その名のとおり通常のウーパールーパーの半分ほどしかない寸詰まりの体が可愛くて仕方ありません。初めて見たとき「こんなやつもいるのか！」と、その可愛さに衝撃を受けお迎えしました。

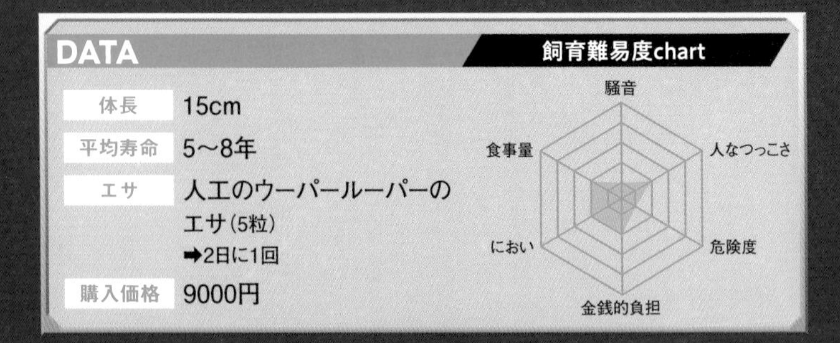

DATA

体長	15cm
平均寿命	5〜8年
エサ	人工のウーパールーパーのエサ（5粒）➡2日に1回
購入価格	9000円

飼い方のPOINT

POINT 1 適温は15〜20度。室温と水温管理をしっかりと

ウーパールーパーは低温を好む生き物で、適温は15〜20度くらいだと言われています。夏は特に暑くなりすぎないように水温をチェックしましょう。我が家では暖房がついた室内で飼育していますが、地面に水槽を置くことで冷たい空気が下へ行く性質を利用し低水温を保っています。

POINT 2 砂利は指が傷つく可能性も。避けたほうが◎

ウーパールーパーは、砂利を入れて飼育すると指が削れてしまうと言われているので、我が家では砂利を敷かずに飼育しています。また、エサを吸い込むように食べるので、砂利を入れると一緒に吸い込んでしまうおそれがあります。そのため、砂利を入れずに飼う人が多いようです。

POINT 3 水をキレイに保つためにろ過装置があると便利

カルキが含まれる水道水はウーパールーパーのエラにダメージを与えるおそれがあるので、カルキ抜きした水を使用してください。また、ろ過装置を設置したほうがいい水質が保てますし、水換えの頻度も少なくてすみます。我が家では、水槽に壁掛け式のろ過装置をつけて飼育しています。

ちゃんねる鰐の生き物講座　その４

これだけは知っておきたい
両生類の基礎知識

両生類はとってもデリケート！
低温で清潔な環境を心がけよう。

両生類は適度に湿った環境を好みます。カエルは個体によって適温が違いますが、イモリやサンショウウオは低温を好みます。どちらも水質はきれいに保ちましょう。

カエル

代表的な生き物 アズマヒキガエル、 アフリカウシガエル

カエルには水生と陸生がいますが、どちらも清潔な環境を用意することが大切です。水や床材など湿度が高いからこそ、不潔になりやすいので注意しましょう。

部屋をエアコンで暖めたり、パネルヒーターを使用

全身が浸かることの出来る水場や水入れを用意

フンをしたらその都度取り除き、水を換えて、定期的に床材を交換

ソイル、ミズゴケ、ウールマットなどの湿度を保ちやすい床材を敷く

エサ

カルシウムパウダーをまぶした虫や、大きな個体であれば魚やマウス、人工エサなどを与える

イモリ

代表的な生き物 ミナミイボイモリ、マンシャンイボイモリ、コイチョウイボイモリなど

イモリも陸生と水生の2タイプに分かれます。どちらも湿度を保ちやすい環境をつくりましょう。イモリは高温に弱いので低温を保つことを心がけてください。

ケージ内にミズゴケを敷いたり、コケリウムにして湿度を保ちやすい環境にする。水入れを置く

高温に注意。エアコンや冷却ファンで低温を保つ

フンはその都度取り除く。定期的に床材を交換して清潔に保つ

エサ

カメ用の人工フードをふやかしたもの、小さなゴキブリ、コオロギ、ハニーワーム、ミルワーム、ワラジムシなどを与える

サンショウウオ

代表的な生き物 タイガーサラマンダー、ウーパールーパー

サンショウウオは飼育が難しい生き物。種類や成長過程によって飼育環境が違います。清流の綺麗な川に生息しているため、水の環境はとても重要です。

ミズゴケやソイル、ウールマットやコケリウムなど湿度を保ちやすい環境

水入れを置く。または水場と陸地を設置

高温に弱い種が多いのでエアコンや冷却ファンで低温を保つ

フンはその都度取り除く。定期的に床材や水を交換して清潔に保つ

エサ

カルシウムパウダーをまぶしたコオロギやゴキブリ、ハニーワームやワラジムシ、カエル用フードを与える。大型種には魚を食べさせることも

Column

予想外の動画がバズった！ 人気動画の裏話

実は、YouTuberになろうとも思っていなかった学生時代、**「ピラニアに金魚20匹を与える」**という動画を投稿しました。数年後のある日、Googleから「動画がとても伸びているので、収益化してみませんか？」というメールが届き、貼られていたリンクを開いてみるとなんと**再生回数170万回超え！**　そこで「こういう動画も需要があるんだ」と気づき、コンスタントに動画を投稿するようになりました。今の人気No1は**「バジェットガエルがまた怒ってる」**という動画で、累計**664万再生**。「チャンネル鰐といえばこれ」といえる動画ですが、タイトルもサムネイルも適当だし、内容も**水換え中に水槽から出しておいたカエルが怒って鳴きはじめたので撮影してみただけ**で、ここまで伸びるとは思っていませんでした。こうした突発的なバズりがあるのもYouTubeの面白いところです。

▲「ピラニアに金魚20匹を与える」
https://youtu.be/yM1HdJlq_Wc

▲「バジェットガエルがまた怒ってる」
https://youtu.be/sHlcxBmF91E

Chapter 3

魚類・甲殻類

熱帯魚やエビやカニなどの甲殻類をご紹介。
大きくてかっこいい体躯を持つ彼らに魅了されよう。

ヴェールのようなひれを持つ「龍魚」

シルバーアロワナ（アルビノ）

南米の河川に生息している熱帯魚で、成長が早く半年で約30cm、1年で50㎝くらいまで成長します。見た目は、アゴにヒゲが二本生えているのが特徴。細長い体型と優雅な泳ぎ姿、伴って揺れるひれは生きたヴェールのような美しさがあります。「龍魚」とも言われるように、龍のような見た目をしていて、アロワナの中で最も大きくなる体躯もロマンがあります。個人的にシルバーアロワナは最も好きな魚で、その魚のアルビノ個体となれば飼いたくならないわけがありません！

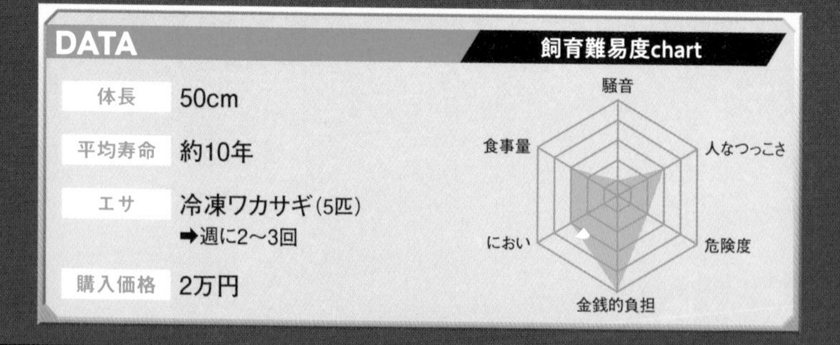

DATA

体長	50cm
平均寿命	約10年
エサ	冷凍ワカサギ（5匹） ➡週に2～3回
購入価格	2万円

飼い方のPOINT

POINT 1 成長すると1m以上に！180cm以上の水槽が必要

シルバーアロワナは、ノーマルであれば1,000円ほどと非常に安価で販売されています。ただし、成長すると1mを超える大きな魚でもあります。とても美しく魅力的な魚ですが、飼育には最低でも180cmクラスの水槽が必要となるので、安易に購入するのはやめましょう。

POINT 2 飛び出しに注意！フタに重りをつける

野生下では、飛んでいる虫をジャンプして捕食することもあるという跳躍力の持ち主です。普段は優雅に泳いでいますが、いつ飛び出すかわかりません。万が一にでも水槽から飛び出してしまわないように、しっかりとフタをして、上には重りを乗せておきましょう。

POINT 3 水槽の床下は補強が必要になる場合も

180cmの巨大な水槽に水を入れるとかなり重くなります。コンクリートの上に設置するなら問題ありませんが、木造住宅に置く場合床が抜けてしまうおそれがあるので補強工事が必要になるでしょう。我が家では自ら床下に潜り、床が沈まないよう補強を行いました。

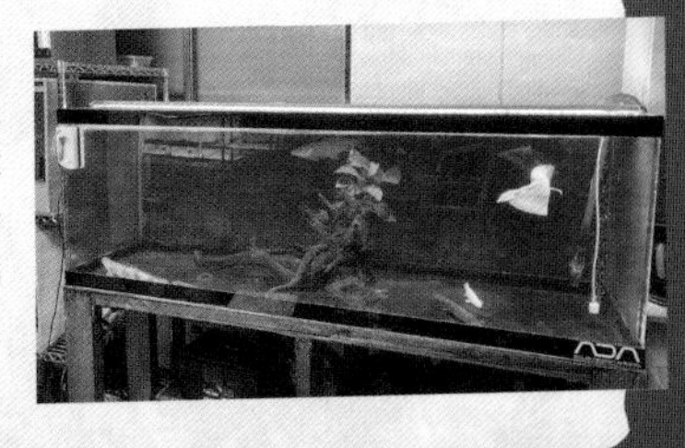

太古より生きる「幻の古代魚」

アミアカルヴァ

北アメリカ大陸東部に生息する淡水魚。アミアカルヴァは古代魚と呼ばれ、1万年以上前から姿かたちをほとんど変えずに生きている生き物です。そしてアミア目、アミア科、アミア属で現存する生物は、このアミアカルヴァ一種のみというのも男心をくすぐられます。最大の魅力は泳ぐ際の波打つ背びれ。他の魚のように体に沿って動くのではなく、背びれのみが独自に細かく波打つ様が非常に美しいです。入荷が稀な魚なので、タイミングを逃すと数年待ちになる場合もあります。

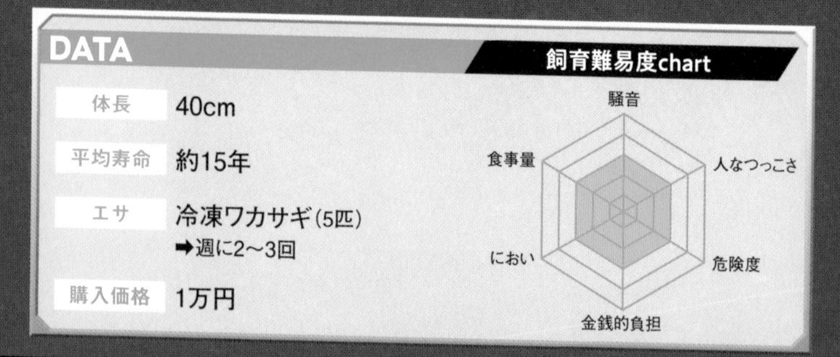

DATA

体長	40cm
平均寿命	約15年
エサ	冷凍ワカサギ(5匹) ➡週に2〜3回
購入価格	1万円

飼い方のPOINT

POINT 1 幼魚は飼育が難しいので 10cm 以上の個体を購入する

アミアカルヴァの幼魚は飼育がとても難しく、成長するまでに死に至る個体も少なくありません。初心者の場合は、10cm以上に成長した個体を購入したほうがいいでしょう。もともと々入荷が稀な魚で、10cm以上の個体となるとさらに稀少性が高まりますが、それだけ飼育が難しい種ということです。

POINT 2 気性が荒いので 他の魚は入れないで

個体差はありますが、基本的にアミアカルヴァは気性が荒い魚なので、他の魚と混泳させると全て殺してしまう可能性が高いです。アミアカルヴァ以上に大きく強い魚なら不可能ではありませんが、他の魚と比べて低温を好むこともあり、やはり単独飼育が望ましいです。

POINT 3 低水温を好むので 水槽はなるべく床下に置く

もともと北米に生息している魚ということもあり、魚の中では比較的低水温を好みます。適温は 18 度前後。我が家では暖房をつけている部屋に置いてはいますが、冷たい空気が下に行く性質を利用し、できるだけ床の近くに水槽を設置することで低水温を保つようにしています。

サメのような歯をもつ肉食魚

ピラニア・ナッテリー

南米のアマゾン川周辺に生息するピラニアで、レッドピラニアとも呼ばれます。ピラニアには複数種が存在しますが、中でもこのナッテリーは最も小型で飼いやすく、入手もしやすいです。ピラニアといえば獰猛さばかりが印象に残りがちですが、実は美しい魚でもあります。地色の銀色はよく見ればところどころラメのようにきらめいていますし、ナッテリーの特徴である腹部の赤色も見応えのある美しさです。それでいて鋭利な牙で獲物をかじる様は見ていて楽しいものです。

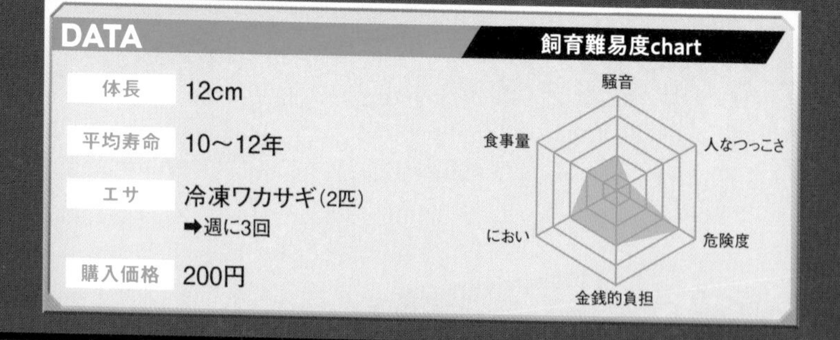

DATA

体長	12cm
平均寿命	10〜12年
エサ	冷凍ワカサギ(2匹) ➡週に3回
購入価格	200円

飼い方のPOINT

POINT 1 少しでも噛まれたら大出血!? 水槽に物を入れるときは慎重に

ピラニアは、不意にかするだけでも出血してしまうほど鋭利な牙をしています。水槽内に手を入れるときは、様子をしっかりと確認しながらにしてください。また、血の匂いに興奮し噛みついてくるので、出血しているときは水槽内に手を入れないように注意しましょう。

POINT 2 怖いイメージがあるけど 意外と臆病

飼育は難しくありませんが、見た目に反して意外と臆病な性格をしています。大きな音や強い光などに驚いて暴れることがありますので、なるべく刺激を与えないようにしましょう。また、興奮して飛び出したりしないように、水槽にはしっかりフタをしてください。

POINT 3 たまには金魚などの生き餌を与える

ピラニアのエサは人工エサでも構いませんが、肉食魚なのでたまに生き餌を与えると喜んで食べます。特に人工エサの食いつきが悪いときは、金魚などの生き餌を与えてみてください。ただし、生き餌を与えると水槽の水が汚れやすくなりますので、強力なろ過装置を設置してください。

大きな吸盤でコケをお掃除！

セルフィンプレコ

アマゾン川に生息する熱帯魚で、大きな背びれと尾びれが特徴です。吸盤のような口で壁面に吸いつき、ヤスリのような唇でコケを削り取って食べる習性があります。我が家でも、水槽内のコケ掃除をしてもらいたくて購入しました。コケ取り魚として挙げられる魚は他にもたくさんいますが、どの魚もセルフィンプレコには敵いません。コケまみれの水槽であっても2～3日でピカピカにしてしまいます。ただし、水槽がアクリル製だと壁面を傷つけてしまうため、ガラス製の水槽が必要です。

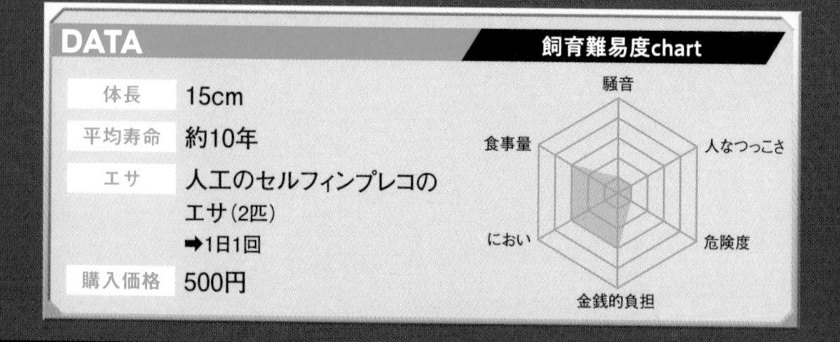

DATA

体長	15cm
平均寿命	約10年
エサ	人工のセルフィンプレコのエサ(2匹) ➡1日1回
購入価格	500円

飼い方のPOINT

POINT 1 最大体長は60cm！大型の水槽が必要に

水槽のコケ取り要因として飼われることが多いプレコですが、実は成長すると 60cm ほどまで大きくなる大型の魚です。最終的には 90cm 以上の型水槽が必要となってくることを覚悟しなければなりません。コケ取りをしたいからといって安易に飼うのはやめましょう。

POINT 2 水槽の中はシンプルに。ただし流木は入れてあげる

大型の魚なので、水槽の中に余計なものを入れると吹き飛ばしたり、ぶつかったりしてしまいます。成長したら水槽の中はシンプルにしたほうがいいでしょう。ただし、セルフィンプレコはコケの他にも流木を削って食べる習性があるので、流木は入れてあげてください。

POINT 3 コケ取り上手だが大量のフンで水が汚れやすい

コケ取り能力は最強ですが、流木を削ったゴミが出たり、大量にフンをしたりするので水が汚れやすいです。キレイな水を保つためにも、ろ過装置やろ過能力が高いフィルターを設置してあげましょう。水換えは週に2回ほど、1/3程度の水を換えてあげるのがベストです。

隠れファンが多い肉食性のメダカ……!?

ベロネソックス

北中米やメキシコに生息する卵胎生のメダカで、メダカの仲間の最大種です。口が大きく、細かくて鋭い歯を持っています。カダヤシやグッピーの仲間なのに、成長すると15cmほどまで大きくなり、さらに魚食性であるという点が面白いと思っています。今はもう飼育禁止となってしまった古代魚のガーパイクのようで、見た目のかっこよさにも惹かれました。また、グッピーの仲間だけあって繁殖がしやすいところも魅力です。何度か繁殖に成功し、ベビーを育てています。

DATA

体長	13cm
平均寿命	5～10年
エサ	エサ用メダカ（水槽内に常備）
購入価格	4000円

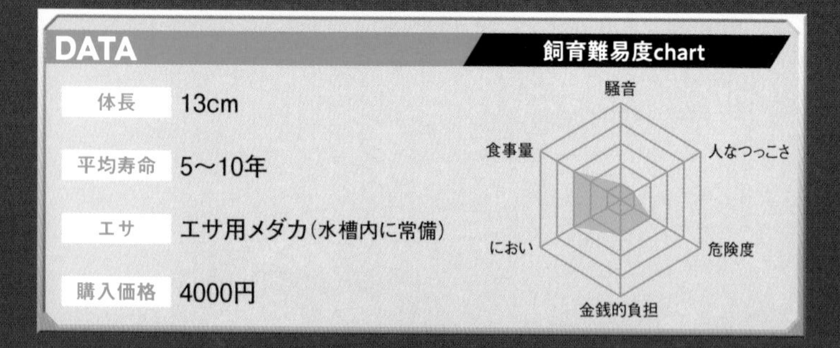

飼い方のPOINT

POINT 1 水温はやや高めに設定。必要に合わせてヒーターも

ベロネソックスは高い水温を好むので、26～28度くらいになるように設定してあげてください。我が家では、キューブ型の水槽に熱帯魚用のヒーターを入れて水温を26度に保っています。また、生餌を与えるので、投げ込み式のろ過装置も設置して水質を保っています。

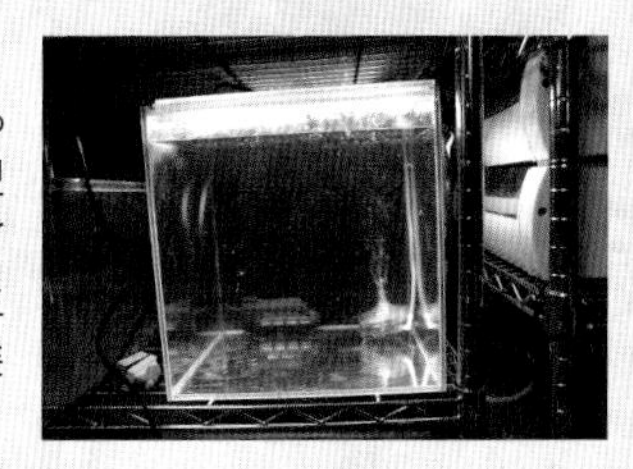

POINT 2 共食いのおそれアリ！混泳する魚には気をつける

魚食性のベロネソックスは、自分の体長の1/2～1/3の大きさ程度の魚なら食べてしまうことがあります。グッピーなどの小魚も食べてしまうので、エサ用のメダカを常に入れておいてください。稚魚も魚食性なので、繁殖させたら稚魚用の小魚も入れる必要があります。

POINT 3 飛び出し注意！隙間なくフタを閉める

メダカの仲間としては珍しくよく飛び出す魚です。うっかり飛び出してしまわないように水槽にはしっかりフタをしましょう。我が家では、通常のフタに加えて「アクアフランジ」という隙間をぴっちり埋めるグッズまで使用し、隙間をしっかり塞いで飛び出せないようにしています。

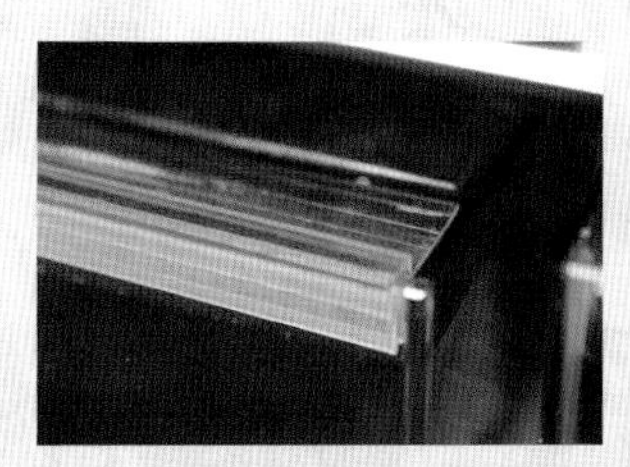

貫禄あるポリプテルスの最大種

ポリプテルス・ビキールビキール

アフリカのナイル川やコンゴ川などに生息している、ポリプテルスの最大種。ポリプテルスは、魚類でありながら肺呼吸ができる魚として知られています。長い体にたくさんの背びれという龍のような外見と、数億年前から姿かたちをほとんど変えずに生き残っている古代魚というロマンからもともとポリプテルス自体が好きだったのですが、ビキールビキールはそのポリプテルスの中でも最大種！　憧れないわけがありません。緑がかった独特の渋い色合いや模様もかっこいいです。

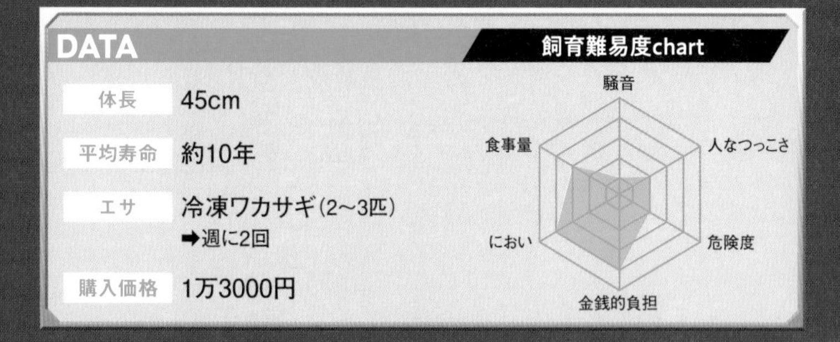

DATA

体長	45cm
平均寿命	約10年
エサ	冷凍ワカサギ（2～3匹） ➡週に2回
購入価格	1万3000円

飼い方のPOINT

POINT 1 水槽の底は何もなくてOK！底砂の誤飲に気をつける

ポリプテルスは河川の底部に生息する底生魚で、吸い込むようにエサを食べます。そのため、底砂を敷いているとエサを食べるときに誤飲してしまうおそれがあります。我が家では、あえて水槽の底に何も敷かないベアタンクのスタイルで飼育して誤飲を予防しています。

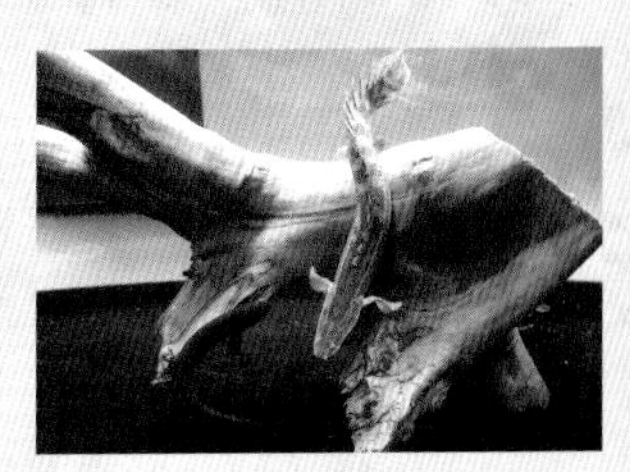

POINT 2 120cm以上の水槽を用意する

ビキールビキールは、飼育下では約60cm、自然下では90cm程度にまで成長することもある大型の魚です。最低でも120cmの水槽が必要になることを頭に入れて飼育をはじめましょう。ポリプテルスは魚の中でも特に飛び出しやすいので、フタとその上に置く重りは必須です。

POINT 3 寄生虫に注意！購入前は必ず確認を

ポリプテルスは、「マクロギロダクティルス・ポリプティ」というポリプテルスにのみ寄生する寄生虫が存在します。新たなポリプテルスを迎えるときは、マクロギロダクティルス・ポリプティがついていないか確認してから迎えるようにしましょう。

扁平な顔つきが特徴的

ポリプテルス・エンドリケリー

ポリプテルスの中では比較的大型化する体躯と、体に入るバンド模様がかっこいいです。龍のような外見でかっこよさがありつつ、正面から見るとちょっと間抜け面で可愛らしい点も魅力です。今飼育している個体は知人から引き取った個体ですが、過去に自分で購入して飼育していたこともありました。基本的にポリプテルス同士であれば仲良く混泳できますが、体格差があると小さい個体は食べられてしまうこともあるので、他のポリプテルスとの体格差を見ながら注意を払っています。

DATA

体長	40cm
平均寿命	約10年
エサ	冷凍ワカサギ（2～3匹） ➡週に2回
購入価格	0円

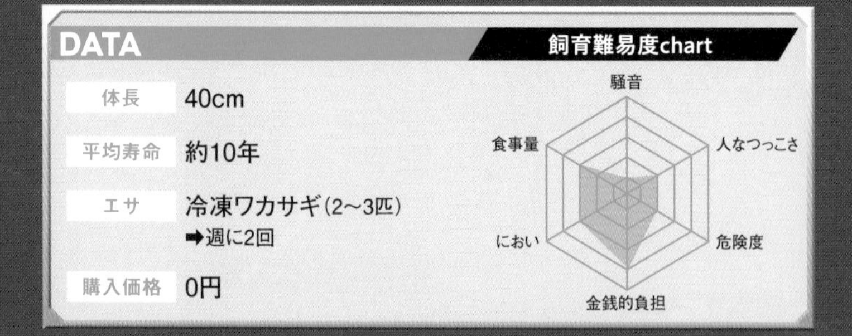

小型サイズで飼いやすい古代魚

ポリプテルス・セネガルス

ポリプテルスは、ビキールビキールやエンドリケリーのような下顎突出タイプと、セネガルスのような上顎突出タイプに分かれます。下顎突出タイプはごつくて重厚感のあるかっこいい顔立ち、上顎突出タイプのセネガルスなどは可愛い顔立ちをしているのが特徴。アルビノは乳白色の体と赤い瞳も相まって、より可愛さが際立ちます。セネガルスは品種改良が進んでいる種で、アルビノだけでなくショートボディという体が短い個体や、ロングフィンというひれの長い個体などもいます。

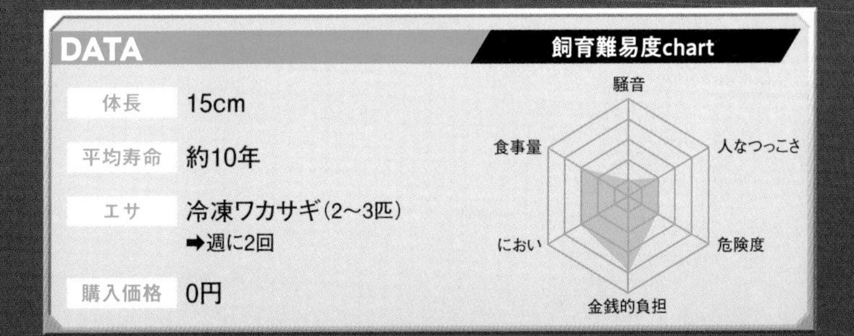

DATA

体長	15cm
平均寿命	約10年
エサ	冷凍ワカサギ（2～3匹） ➡週に2回
購入価格	0円

ワニのような口と牙をもつワイルドな熱帯魚

アフリカンパイクカラシン

アフリカの河川に生息する淡水性の熱帯魚。突出した口と、そこからチラ見えする鋭い牙がいかにも「凶暴な魚」という感じでかっこいいです！　見た目のわりに性格は穏やかで、飼育しやすいため初心者にもオススメ。ギラギラと輝くウロコも美しいですし、ほんのり赤く染まるひれもキレイだと思います。食欲旺盛で、エサを入れると我先にと泳いできて食べていくので、迫力ある捕食シーンが見られます。たまに行く専門店にいたアダルト個体の迫力に一目惚れして、お迎えしました。

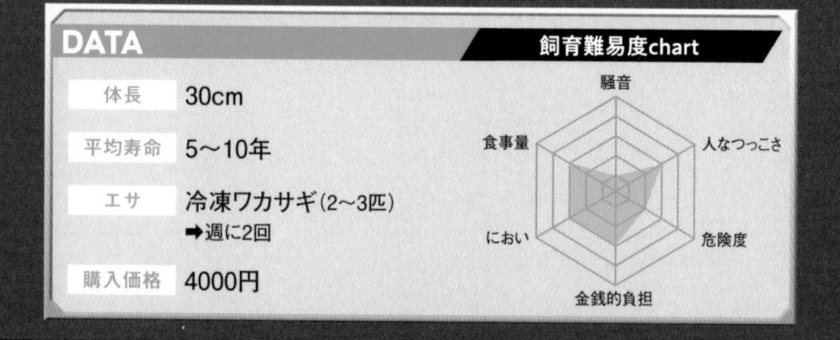

DATA

体長	30cm
平均寿命	5～10年
エサ	冷凍ワカサギ(2～3匹) ➡週に2回
購入価格	4000円

飼い方のPOINT

POINT 1 食欲旺盛でも大きすぎるエサはNG

アフリカンパイクカラシンのように食欲旺盛すぎる魚は、無理に食べようとして、喉に詰まらせて死んでしまうことがあります。勢いよく食べるからといって、あまり大きなエサは与えないようにしてください。

POINT 2 自由に泳げるように なるべく大きい水槽を用意

体長自体はそこまで大きくなりませんが、泳ぐのが好きな魚なので大きめの水槽で飼育してあげましょう。エサに勢いよく飛びつく習性があるため、小さい水槽だとぶつかってしまうおそれもあります。我が家では180×60×60cmのアクリル水槽で飼育しています。

POINT 3 水槽が汚れないように ろ過装置は必須

肉食性の魚なのでどうしても食べ残しやカスなどは発生します。できるだけ水槽の水が汚れないよう、ろ過装置は設置しましょう。我が家では巨大な外部ろ過装置と、別途エアレーションもつけて飼育しています。

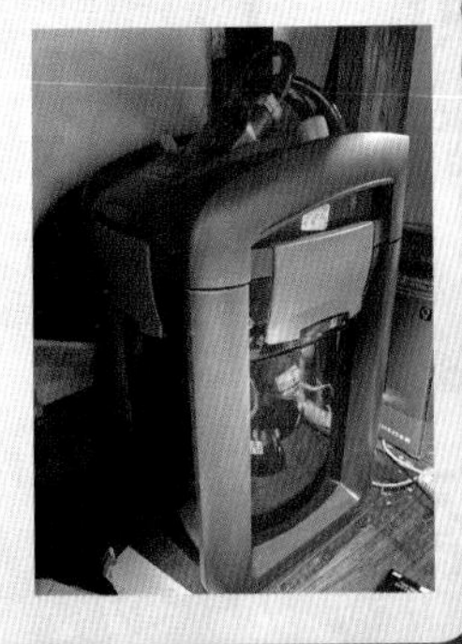

スポット模様が美しい

アロワナナイフ

西アフリカやコンゴ川流域に生息するナイフフィッシュ。大型の古代魚「アロワナ」に風貌が似ていることから、この名がつけられたと言われています。ナイフフィッシュでありながら、他のナイフよりも細長く、一風変わった体型をしているところに惹かれます。アロワナのような上向きの大きな顎や個体によってさまざまな斑模様があるのも特徴。我が家のは黒い体色に入る白いスポット模様が美しいです。また、泳ぐときに波打つように動くひれも独特な魅力があります。

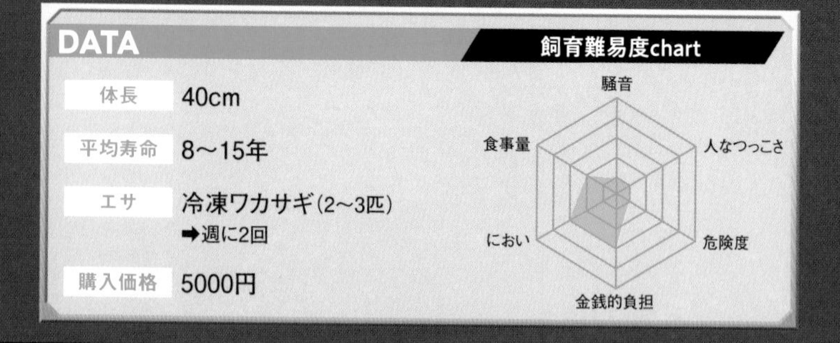

DATA

体長	40cm
平均寿命	8～15年
エサ	冷凍ワカサギ(2～3匹) ➡週に2回
購入価格	5000円

飼い方のPOINT

POINT 1 隠れるのが大好き！大型の流木を用意する

ナイフフィッシュ同士を混泳させると激しく争いますが、普段は隠れるのが好きなおとなしい魚です。流木などを入れて隠れられる場所をつくってあげると落ち着きます。我が家ではアヌビアス・バルテリー（水草）をつけた大型の流木を沈めて、隠れ場所をつくってあげています。

POINT 2 混泳は他魚種のみ。ナイフフィッシュ同士は厳禁！

他魚種との混泳は成功しやすいですが、ナイフフィッシュ同士だと激しく争う傾向にあります。以前他のナイフフィッシュや2匹目のアロワナナイフを入れたところ、普段流木の影に隠れているだけだったアロワナナイフが相手を殺す勢いで攻撃しはじめたので混泳させるのはやめました。

POINT 3 病気になりやすいのでこまめに水換えをする

アロワナナイフは比較的丈夫で飼育しやすい魚ですが、白点病にかかりやすいためこまめに水換えをして常にキレイな水を保ちましょう。また、水温の急な変化も病気の原因になりかねないので、ヒーターを使うなどして水温は常に24～28度を保ってください。

川に住む淡水のフグ

テトラオドン・ファハカ

中央アフリカ〜西アフリカの河川に生息するフグで、淡水で飼育できます。体全体を使わず、胸びれだけを小刻みに動かして泳ぐフグ独特の泳ぎ方が可愛いです。小さいころはわかりづらいですが、大きくなるとキレイな縞模様になり、個人的に淡水フグの中では最も美しいと思っています。大きなフグが貝や甲殻類を殻ごとバリバリ食べる様子に憧れて、淡水フグ最大種であるテトラオドン・ムブの飼育を考えていましたが、現実的に飼育できる大きさのテトラオドン・ファハカをお迎えしました。

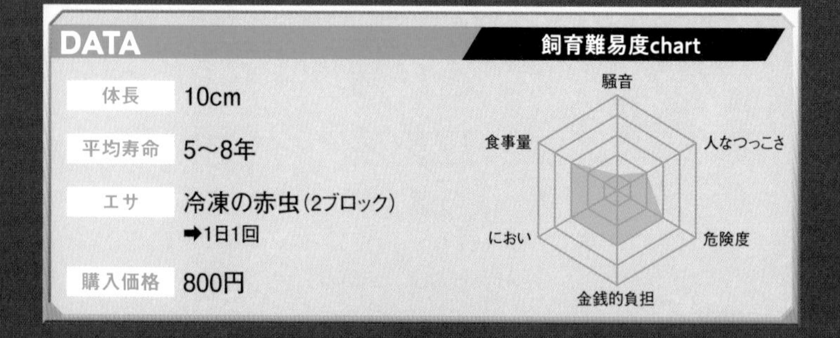

DATA

体長	10cm
平均寿命	5〜8年
エサ	冷凍の赤虫（2ブロック） ➡1日1回
購入価格	800円

飼い方のPOINT

POINT 1 他の魚をかじってしまうので基本的には単独飼育を

テトラオドン・ファハカに限らず、フグは他の魚と同じ水槽で飼育すると他の魚をかじってしまいます。歯が鋭く、アサリやザリガニ程度であれば殻ごとバキバキと食べてしまうほどの力がありますので、基本的には単独飼育と考えてください。我が家でも1匹だけで飼育しています。

POINT 2 ヒーターをかじってしまうことも

気性が荒いうえに、成長すると鋭い歯が伸びてきてヒーターもかじられてしまうことがあります。設置場所を工夫したり、ガードをつけたりして予防しましょう。子どものころは水草を入れてあげると落ち着きますが、成長すると水草も囓られてしまうことがあります。

POINT 3 フグとはいえ飛びはねる！フタの隙間は全て埋める

活発に泳ぐわけではないフグとはいえ、どんな魚でも飛び出すものと考えておいたほうがいいでしょう。我が家では、アクアフランジという専用グッズを使って飛び出すことのできそうな隙間を全部埋めています。万が一不在のときに飛び出してしまえば、命に関わります。

これだけは知っておきたい
魚類の基礎知識

魚の飼育は水が命！
ろ過フィルターや水換えは必須

水の生き物なので水質の管理はとっても大切。水換えは手間がかかりますが、定期的に行う必要があります。

水槽

代表的な生き物 シルバーアロワナ、アミアカルヴァ、セルフィンプレコなど

水槽の中の環境として必要なものは、基本的にろ過器、ヒーター（熱帯魚であれば）、照明（観賞用として）です。また、日光が当たる場所に置くとコケが生えやすいので、水槽の陽の当たらない場所を選びましょう。

魚のフンやエサの食べ残しなどのゴミを除去し、水を循環する

流木を設置し、隠れスポットをつくる

熱帯魚であればヒーターを、寒帯魚であればクーラーを設置する

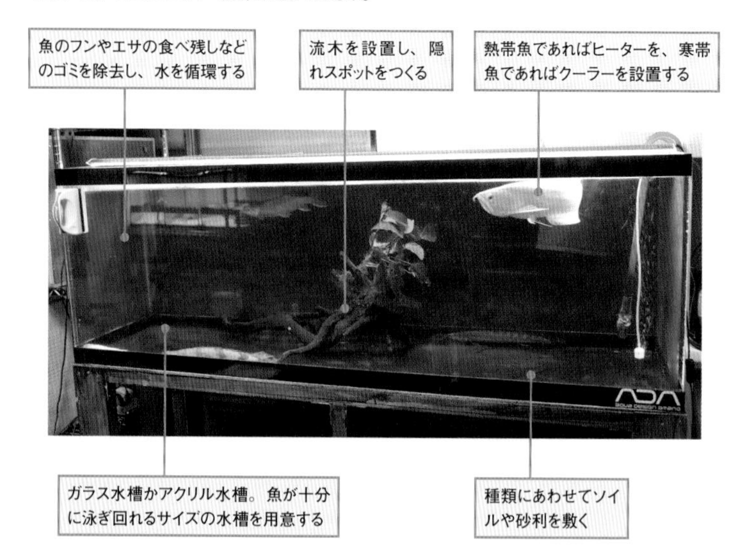

ガラス水槽かアクリル水槽。魚が十分に泳ぎ回れるサイズの水槽を用意する

種類にあわせてソイルや砂利を敷く

エサ

餌は魚種に合った専用のフードを与えます。さまざまな種類がありフレークタイプやフリーズドライの赤虫などいろんな魚に使えます。肉食魚であれば生きた魚や冷凍の魚や肉などを与えるといいでしょう。

水換え

水換えは基本的には1～２週間に1回の頻度で行います。水換えは全ての水ではなく、3分の1～2程度ずつ換えるように。急激な水質の変化による魚のショックを抑えるためです。注水する水は消毒に使われている塩素（カルキ）を中和したものを使用します。専用の中和剤や浄水器を使い、しばらく置いておく事で塩素は抜けます。飼育水の温度に近づけて注水するのもポイントです。

魚の飼い方プラスα

アクアリウムを楽しもう！

水槽で魚を泳がせたり水草を育てたりして楽しむ「アクアリウム」。暮らしに自然の風景を取り入れるインテリアとしても人気が高まっています。自分だけの世界観をつくる楽しさもありますが、初心者の方は必要な道具や基礎知識など不安なことだらけかと思います。その場合はひとつひとつ道具を揃えるより、水槽や機器などすべてそろったセットで購入したほうがお得です。慣れたら少しずつアレンジを加えて自分だけのアクアリウムをつくりましょう！

危険すぎる石垣島の珍味

ヤシガニ

八重山をはじめ沖縄諸島に生息するヤドカリの仲間で、沖縄では食用として販売されています。陸上で生活する世界最大の甲殻類どころか節足動物であるという点や、挟む力が甲殻類最強（最大360kg程度）という点など、ゲームに出てくるモンスターのようなステータスに男子が惹かれないわけがありません。他の生き物にはない独特の形や、美しい青色もヤシガニの魅力だと思います。沖縄の市場で食用として販売されていた個体を購入し、宅配で自宅へ送って飼育しはじめました。

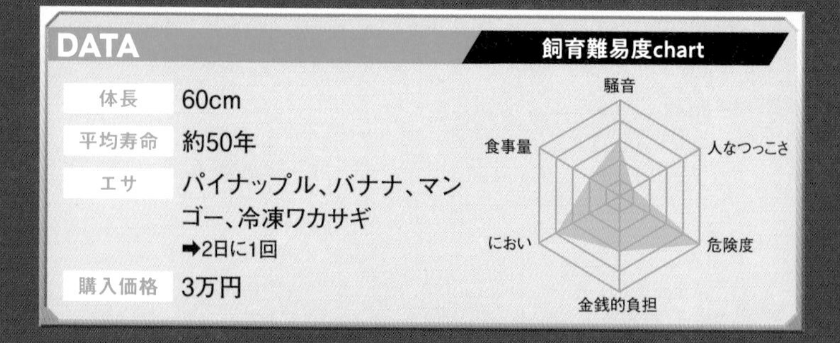

DATA

体長	60cm
平均寿命	約50年
エサ	パイナップル、バナナ、マンゴー、冷凍ワカサギ ➡2日に1回
購入価格	3万円

飼い方のPOINT

POINT 1 捕獲すると法律違反に！市場で買うのがオススメ

個体数が少なくなっているヤシガニは絶滅危惧種に指定されているため、場所や時期、サイズによっては法律により捕獲してはいけない場合が多いです。飼育したい場合は自身で捕獲するのではなく、市場やショップで販売されている個体をお迎えすることをオススメします。

POINT 2 爬虫類用ケージは破壊する！ケージもフタも頑丈なものを

椰子蟹（やしがに）というだけあって木登りが得意。また、ハサミだけでなく足の力もかなり強いので、市販の爬虫類用ケージではプラスチック部分や天井の金網を破壊し、脱走するおそれも。我が家はアクアリウム用のオールガラス水槽に自作のフタをし、チャイルドロックを4つつけています。

POINT 3 高温多湿が原則！脱皮のためにも多湿は必須

ヤシガニは沖縄原産の生き物なので、高温多湿の環境は絶対です。特に湿度は脱皮の成功率にも関わってくるので、温度を保ちやすい床材を使用してしっかり保つように心がけましょう。飼育下でヤシガニに脱皮させるのは難しく、脱皮で失敗して死なせてしまうことが多いそうです。

沖縄に住む巨大なカニ

オオオカガニ

正式名称はミナミオカガニといい、沖縄に生息しています。本州ではそうそう見かけることのないような巨大な体躯と、左右非対称に発達した左腕がかっこいいです。カニなのに、完全に陸地で飼育できるという点も面白く、石垣島に撮影に行った際に一目惚れした個体を連れて帰り飼育しています。オカガニにはオオオカガニの他にも5種類のオカガニがいて、それぞれが微妙に違った特徴を持っています。オカガニに興味があれば、他のオカガニと合わせて飼育を検討してみてください。

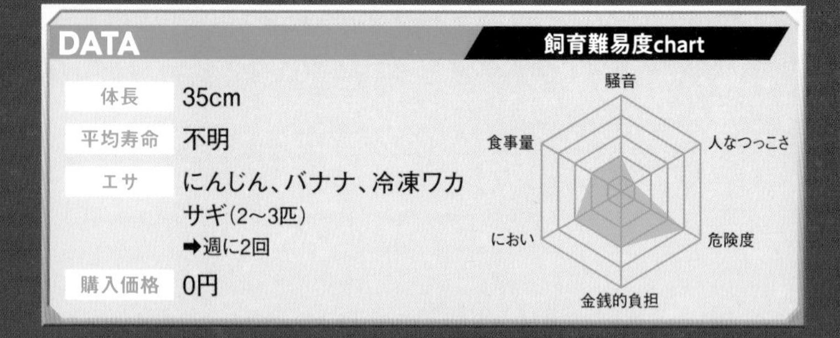

DATA

体長	35cm
平均寿命	不明
エサ	にんじん、バナナ、冷凍ワカサギ(2〜3匹) ➡週に2回
購入価格	0円

飼い方のPOINT

POINT 1 挟まれたら骨折！後ろの甲羅を持つように

立派に発達する左腕と巨大なハサミを持つオオオカガニ。万が一挟まれたら痛いどころの騒ぎではありませんので、エサやりなどお世話をするときは絶対に挟まれないように注意してください。後ろから甲羅を持つようにすればハサミが届くことはまずありません。

POINT 2 水入れを設置し高温多湿の環境づくりを

沖縄に生息する生き物ですので、高温多湿の環境を好みます。室温は25～28度くらいを保ち、湿度も下がりすぎないように注意しましょう。我が家では、全身が浸かれる水入れを設置し、ケージの上にガラスを置いて密閉性を高め、湿度が保てるようにしています。

POINT 3 全身が隠れるシェルターを入れて生息域を再現してあげる

オオオカガニは、野生下では土を深く掘った巣穴の中で暮らしています。その環境になるべく近づけるよう、我が家ではサンゴ砂を敷き、全身が入るシェルターを設置しています。水に浸かっていることも多いので、水入れの水はこまめに換えてキレイに保ちましょう。

全身真っ黒なザリガニ

アメリカザリガニ（ブラックキング）

北アメリカが原産のザリガニで、ノーマルは赤や褐色ですがブラックキングは全身真っ黒！下半身に対して不釣り合いなほど大きな頭胸部とハサミ、そのハサミにあるゴツゴツとしたイボなど、改めて見ると本当にかっこいいです。アメリカザリガニは品種改良がとても進んでいて、黒だけでなく白や青などさまざまな色や模様の個体がどんどん生まれているので、お気に入りの個体がきっと見つかるはず。お腹が空くと水槽の前面に寄ってきて、「エサくれダンス」をするのも可愛いです。

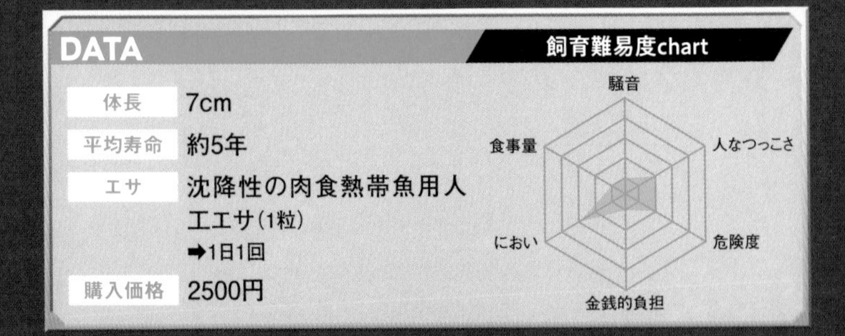

DATA

体長	7cm
平均寿命	約5年
エサ	沈降性の肉食熱帯魚用人工エサ（1粒）➡1日1回
購入価格	2500円

飼い方のPOINT

POINT 1 臆病な性格なので隠れスポットを用意する

ザリガニは比較的臆病な性格をしているので、隠れられるシェルターを入れてあげると落ち着きます。ストレスを感じると脱皮不全になったり、エサを食べなくなったりしてしまうことがあるのでシェルターは必須。我が家では登ったり隠れたりできる流木を一つ入れています。

POINT 2 水草を入れるときは農薬がついていないか確認する

ザリガニを含む甲殻類は薬に弱いので、農薬がついた水草を入れると死んでしまう可能性があります。そもそも水草を入れても食べてしまうのでレイアウト用なら入れないほうがいいですし、エサ用の水草を屋外で拾ってくるのなら、近くで農薬が使われていないかなど調べましょう。

POINT 3 とにかく脱走名人！逃げ出す隙間がないように

ザリガニはとにかく脱走名人で、フタがしっかり閉まらないプラケースなどで飼育しているといつの間にか脱走していたなんてことも。我が家では、隙間なくフタができる25cm四方の一体型水槽（グラステリアアグス）で飼育し、脱走されない環境づくりをしています。

すべてのパーツが芸術品

アフリカンジャイアントロックシュリンプ

西アフリカに生息する大型のエビ。濃い青の体色に頭胸部に入るシワ、下半身の殻のツヤなど、そのどれもが頑強な金属を思わせる重厚感を醸し出しています。それに加えて、最大20cmという淡水のエビにしては破格の体格が非常にかっこいいです。そんな体躯をしていながら、なんとプランクトン食。綿毛のような手を振って水中を舞う微細な有機物をキャッチして食べるという生態が面白いです。エサを入れるとかき集めて口に運ぶ仕草はなんとも可愛らしいものです。

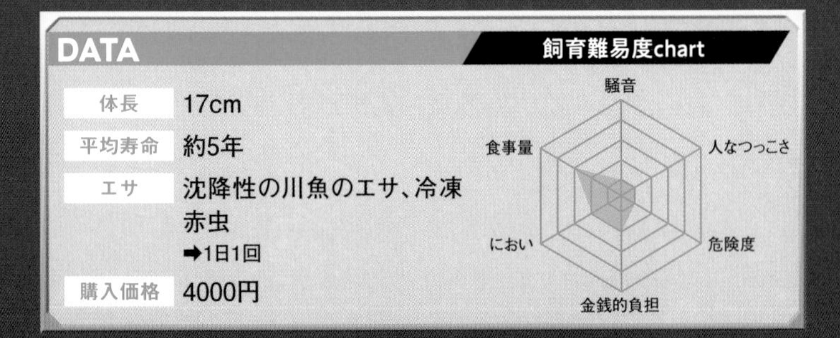

DATA

体長	17cm
平均寿命	約5年
エサ	沈降性の川魚のエサ、冷凍赤虫 ➡1日1回
購入価格	4000円

飼い方のPOINT

POINT 1 隠れられるシェルターや足場を入れてあげる

水槽に流木を入れてあげると、シェルターにもなり、足場にもなります。エビは何かに掴まるのが好きなので、流木を入れてあげるといいでしょう。また、流木に限らず隠れられる場所があるとストレスが減って落ち着きます。身を隠せるシェルターは入れてあげましょう。

POINT 2 水温は低すぎても高すぎてもダメ！適温をキープする

アフリカンロックシュリンプの適温は20～25度です。冬場は水温が下がりすぎないように、サーモスタット機能つきのヒーターなどを入れて水温を管理しましょう。また、水温が26度以上になると体調が悪くなることもありますので、温めすぎには注意してください。

POINT 3 底砂はなくてOK！エサを食べるときに邪魔になる

アフリカンロックシュリンプは、水底にエサが落ちてくるのを待ってキャッチするという食性があります。そのため、粒が細かく沈降性のエサを与えるといいでしょう。また、エサをかき集めるのに邪魔にならないよう、底砂は入れないほうがいいと思います。

Column

生き物の飼育は苦労が絶えない！

生き物を飼育するのは楽しいだけではなく、さまざまな苦労もあります。例えば、**タイガーサラマンダー**というサンショウウオの仲間を飼育しているのですが、この子は**脱走名人！** まだ体長10cm くらいのころ、脱走できないであろう 36cm の高さの水槽で飼育していたのですが、**見事に脱走されてしまいました**。幸いすぐに見つけて戻すことができましたが、脱走して体が乾いてしまえば死に至る危険もあるので、あのときは肝が冷えましたね。

また、3 年前に斑点模様の美しいアロワナナイフと数種類の肉食魚を飼育していたとき、**キクラ・オセラリス**という魚をお迎えしたんです。飼育しはじめた当初、キクラは水槽内で一番小さかったのに、食欲旺盛ですくすくと成長していきました。ある朝、水槽を眺めると**アロワナナイフの姿が見えません**。隠れるのが好きな魚なので、流木やろ過装置の裏にいるのかな？と探していると、お**腹がパンパンに膨れたキクラの姿が！** その口からはアロワナナイフの尻尾が見えていました……。

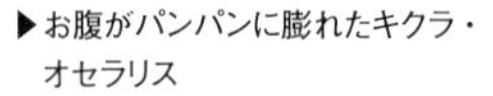

▶お腹がパンパンに膨れたキクラ・オセラリス

Chapter 4

虫類

クモやサソリ、ゴキブリなどの、ペットとしては珍しい虫類をご紹介。知られざる生態と飼い方を学ぼう。

お腹の模様がキレイなタランチュラ

パンフォベテウス sp.マチャラ

Pamphobeteus sp.machara

タランチュラの一種。美しいタランチュラの多くはオスのみキレイで、メスは地味な茶色だったりするものですが、この種も例に漏れずです。我が家の個体はメスだったようで、想像していたような美しい紫色にはなりませんでした。しかし、飼いはじめた当初は小指の先ほどしかなかった赤ちゃん蜘蛛が脱皮を繰り返し、立派なタランチュラに成長してくれたのがうれしくて、今では愛着が湧いてわが子のように可愛く思っています。食欲旺盛で、エサを放り込むと飛びついて食べるのも可愛いです。

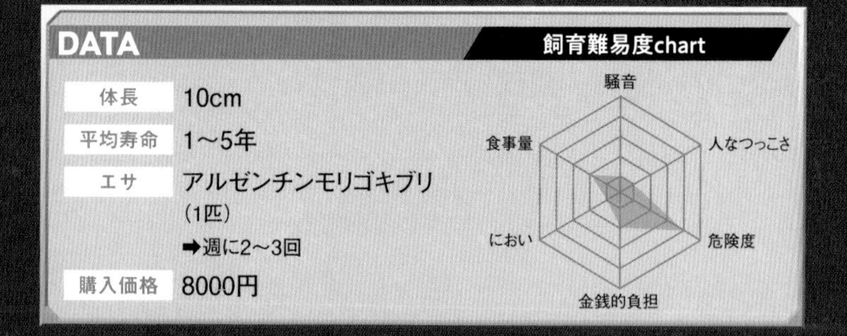

DATA

体長	10cm
平均寿命	1〜5年
エサ	アルゼンチンモリゴキブリ（1匹）➡週に2〜3回
購入価格	8000円

飼い方のPOINT

POINT 1 必要なのは爬虫類ケージとシェルター、水入れの3つ

我が家では、30cm四方の爬虫類ケージにヤシガラを細かくした床材を敷いて飼育しています。隠れるのが好きな生き物なのでシェルターと、水入れから水を飲むこともあるので小さな水入れも用意してあげましょう。シェルターは、爬虫類用のドクロ型のものを使用しています。

POINT 2 毒に注意！　素手で触らないように

人体に対してそこまで強力なものではありませんが、それなりに強い毒を持っています。素手で触らないようにしましょう。また、単純に牙が大きく鋭いので、噛まれるとかなり痛いです！　お世話をするときは噛まれないように細心の注意を払ってください。

POINT 3 メンテナンス時は慎重に！刺激しないように

タランチュラの仲間は、外敵に対して「刺激毛」という刺さるとチクチクするお尻の毛を飛ばしてきます。皮膚や粘膜に刺さると痛みや痒み、腫れなどを伴うので、メンテナンスをするときはあまり刺激しないように注意してください。万が一付着してしまったらすぐに洗い流しましょう。

危険度0の小さなサソリ

ヤエヤマサソリ

八重山諸島に生息する日本在来のサソリで、石垣島で捕まえたものを数匹持ち帰って飼育しはじめました。ヤエヤマサソリは大人になっても2.5cm程度にしかなりません。また、毒針を持っているものの小さすぎて人間に害を及ぼすほどの毒ではなく、そもそも針が人間の皮膚を貫通できないというのが可愛いです。ヤエヤマサソリという名前でありながら日本以外にも生息しているのですが、日本のヤエヤマサソリはメスしか存在せず、メスだけで単為生殖できるというのも面白いです。

DATA

体長	2cm
平均寿命	約3年
エサ	トルキスタンゴキブリの幼虫（ケース内に常備）
購入価格	0円

飼育難易度chart

騒音
人なつっこさ
危険度
金銭的負担
におい
食事量

飼い方のPOINT

POINT 1 木の皮を隠れ家にする。外で拾ったものは殺菌消毒を

ヤエヤマサソリは、野生下では木の皮の隙間などで生活している生き物です。隠れ家があると落ち着くので、木の皮などを隠れ家として入れてあげるといいでしょう。木の皮を外で拾ってくる場合は、一度茹でて殺菌したものを入れてあげたほうが病気などの心配がありません。

POINT 2 共食いの可能性アリ！エサを切らさないように

小さいとはいえサソリなので、エサがなくなれば共食いをしてしまいます。ケージ内に常にエサがある状態を保ちましょう。野生化ではシロアリを主に食べているそうですが、生きたシロアリを維持するのは大変なので、我が家ではトルキスタンゴキブリ（P154）の赤ちゃんを与えています。

POINT 3 高温多湿を好む生き物。霧吹きなどで湿度を保って

八重山諸島に生息するヤエヤマサソリは、高温多湿を好みます。我が家ではプラケースに粉状のヤシガラを敷いて飼育していますが、ケース内が乾いてきたら霧吹きをして湿度を保つようにしています。また、室温はエアコンを常に30度に設定し、高温を保っています。

サソリのようなハサミが特徴的

タイワンサソリモドキ

日本にはサソリだけでなくサソリモドキという虫がいると知り、石垣島へ行って捕まえました。名前のとおりサソリに酷似した上半身がかっこよく、一見キモいとも言えるような下半身もおどろおどろしさが逆にかっこいいです。上半身はサソリに似ているものの下半身に針はありません。代わりにあるのは鞭状の棒。サソリモドキはその棒の根本から毒の代わりに酸を噴射します。酸といってもその含有物のほとんどは酢酸で、噴射されると周囲一体がお酢の臭いになります。

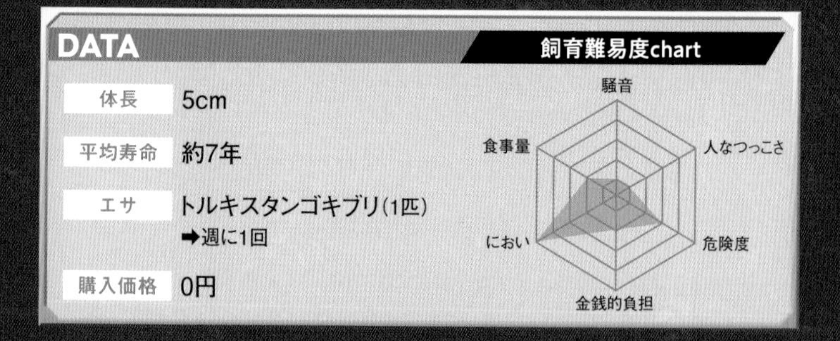

DATA

体長	5cm
平均寿命	約7年
エサ	トルキスタンゴキブリ(1匹) ➡週に1回
購入価格	0円

飼い方のPOINT

POINT 1 多湿を好むので床材は常に湿っているように

タイワンサソリモドキは、高温多湿を好みます。湿度を保ちやすい粉状のヤシガラなどを床材に敷くといいでしょう。理想の湿度は70〜80%くらいで、床材が常に湿っているのがベストです。室温も25度以上を保てるようエアコンなどで調整してください。

POINT 2 多頭飼育するならそれぞれにシェルターを用意

基本的に共食いすることはないので同じケース内で多頭飼育は可能です。ただしその場合、隠れられるシェルターを飼育する数分設置してあげましょう。また、ストレスが溜まらないように大きいプラケースを用意してあげてください。エサも多めに入れてあげたほうがいいでしょう。

POINT 3 酢酸は目に入ると失明のおそれも！刺激しないように

威嚇時に噴射する酢酸は、皮膚についたぐらいではなんの問題もありませんが、目に入ると最悪の場合失明の可能性もあると言われているので、メンテナンスをするときはあまり顔を近づけないようにしてください。噴射されると単純に臭いので、あまり刺激しないことをオススメします。

世界三大奇虫の１つ

テキサスジャイアントビネガロン

北アメリカに生息する大型のサソリモドキ。錆びた金属のようなマットな質感のタイワンサソリモドキに対し、テキサスジャイアントビネガロンはレザー製品のような艶があり、また違ったかっこよさがあります。タイワンサソリモドキは待ち伏せてエサをとらえるタイプですが、テキサスジャイアントビネガロンはエサを入れると積極的に追いかけて捕食するため見ていて楽しいです。タイワンサソリモドキを飼育していてサソリモドキの魅力に気づき、外国産のサソリモドキをお迎えしました。

DATA

体長	8cm
平均寿命	約7年
エサ	トルキスタンゴキブリ(1匹) ➡週に1回
購入価格	5000円

飼育難易度chart

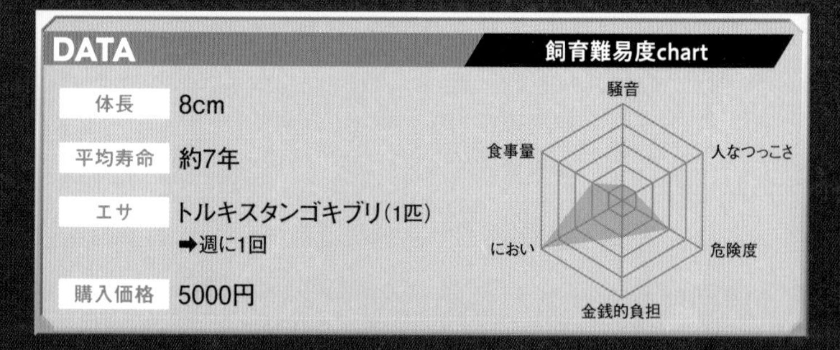

飼い方のPOINT

POINT 1 こまめに霧吹きをしよう！湿度はしっかり保つ

飼育環境はタイワンサソリモドキとほとんど同じで、高温多湿を好むため乾燥状態にならないように気をつけましょう。こまめに霧吹きをするか、誤って溺れない程度の小さめの水入れを入れてもいいです。ヤシガラなど湿度を保ちやすい床材を敷くのもオススメです。

POINT 2 共食いのおそれアリ！多頭飼育はなるべく避ける

タイワンサソリモドキとは違い、テキサスジャイアントビネガロンは気性が荒いので、同じケースで多頭飼育すると共食いをしてしまうおそれがあります。特に、体長に対してケースが狭い、エサが足りないなど、飼育環境が劣悪になると共食いする可能性は高まります。

POINT 3 酢酸に注意！顔を近づけないこと！

タイワンサソリモドキ同様、怒ったりストレスを感じると酢酸を噴射します。顔を近づけすぎて酸をかけられないようにすることと、単純に酸を出されないように留意しながらメンテナンスをすることは常に頭においておきましょう。噴射されてしまったらすぐに洗い流してください。

カマキリ界の大魔王

ニセハナマオウカマキリ

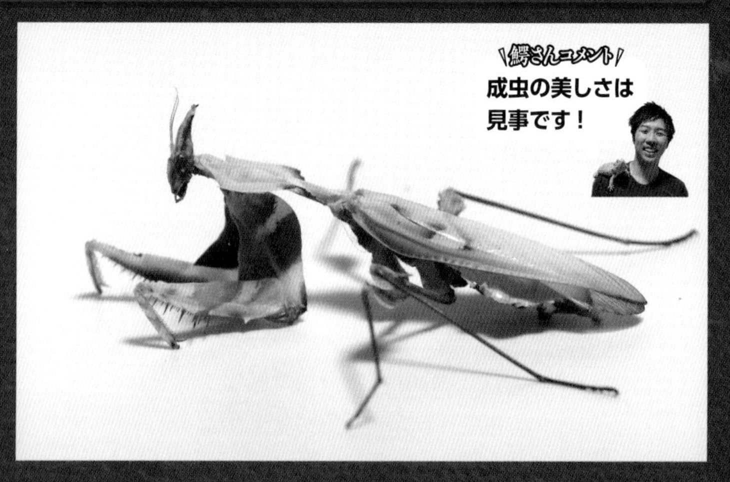

アフリカに生息するカマキリで、ヨウカイカマキリ科の最大種。カマキリ界の「魔王」とも言われています。まず、「偽花魔王蟷螂」という名前の時点でかっこよくて男子なら憧れざるを得ないとは思うのですが、その名前に負けず見た目も派手で迫力を兼ね備えた美しい生き物です。擬態のために棘ばった体は攻撃的なかっこよさを醸し出していますし、複雑な模様は緻密な芸術品のように美しいです。異様な姿もさることながら、全長10cm程度にまで成長する体躯も魅力の一つです。

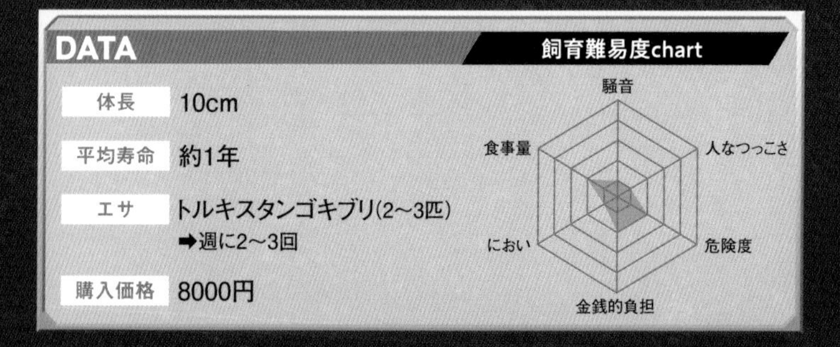

DATA

体長	10cm
平均寿命	約1年
エサ	トルキスタンゴキブリ(2～3匹) ➡週に2～3回
購入価格	8000円

飼い方のPOINT

POINT 1 持つときはカマキリの前に手を出して乗せる

ニセハナマオウカマキリは大型のカマキリであり、カマに挟まればそれなりに痛いです。持つときはカマキリの前に手を出し、手に乗ってもらうように後ろから突いて促すという形にすると挟まれることもないでしょう。扱いに慣れるまでは手袋をしたほうがいいかもしれません。

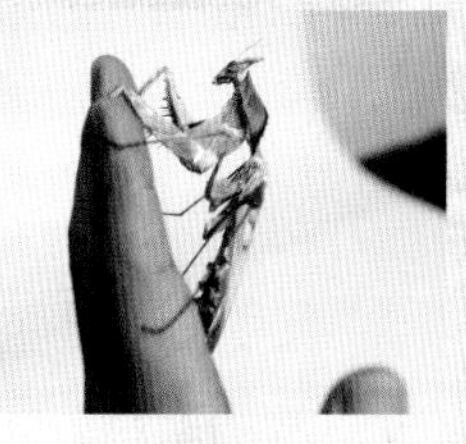

POINT 2 脱皮のために足場を用意。登り木を入れてあげる

カマキリを幼体から飼育するときは、脱皮しやすいように鉢底ネットでつくった足場を入れてあげる必要があります。我が家の個体は既に成虫であり、これ以上脱皮しないため単に登ることができればいいということで、爬虫類ケージに流木を足場として入れてあげています。

POINT 3 縦長の大きいケージを。霧吹きで水分を与える

大型のカマキリなので、ケージも大きいものを用意しましょう。我が家では、30×45×30の縦長の大きい爬虫類ケージで飼育しています。また、カマキリは壁面についた水滴を飲むので、毎日ケージ内の壁に霧吹きをしてあげましょう。

お腹が大きいのが特徴的

ハラビロカマキリ

本州から沖縄にかけて幅広く分布するカマキリで、ハラビロという名前のとおり体の幅が広いのが特徴です。沖縄で生き物系の YouTuber さん達とコラボして生き物採集にいった際、他の YouTuber さんが捕獲してくれたカマキリを記念に持ち帰りました。そのカマキリは既に死んでしまいましたが、今はその子供たちを飼育しています。卵から育てた子達なので思い入れがあります。食欲旺盛で生きたゴキブリを入れると積極的に狩りにいって捕食するのが見ていてとても楽しいです。

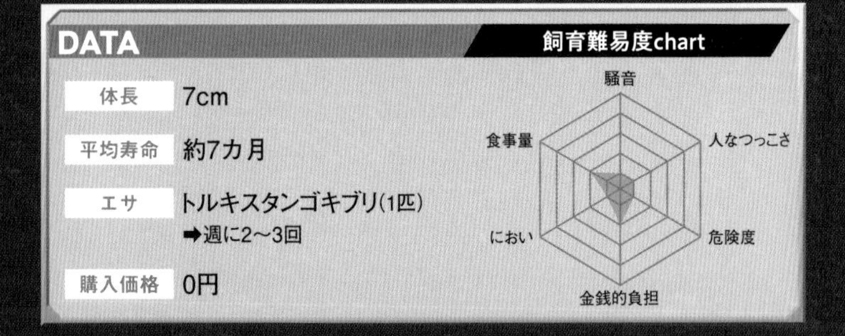

DATA

体長	7cm
平均寿命	約7カ月
エサ	トルキスタンゴキブリ(1匹) ➡週に2〜3回
購入価格	0円

薄紅色の華やかなカマキリ

ハナカマキリ

名前のとおり、花に擬態する体は花そのもののように美しいです。ハナカマキリは幼虫の時はピンク色が強く、成長にともなってピンク色が薄れ白くなっていきます。幼虫も成虫もそれぞれ違った美しさがあり、その変遷を楽しむことができるのも魅力だと思います。カマキリは脱皮の途中で足場から落ち死んでしまうことが多いため、しっかりと掴まれる足場を用意してあげてください。また、壁面についた水を舐めて水分補給をするため、毎日霧吹きをして壁面に水滴をつけてあげましょう。

DATA

体長	6cm
平均寿命	約8カ月
エサ	トルキスタンゴキブリ(1匹) ➡週に2～3回
購入価格	3500円

飼育難易度chart

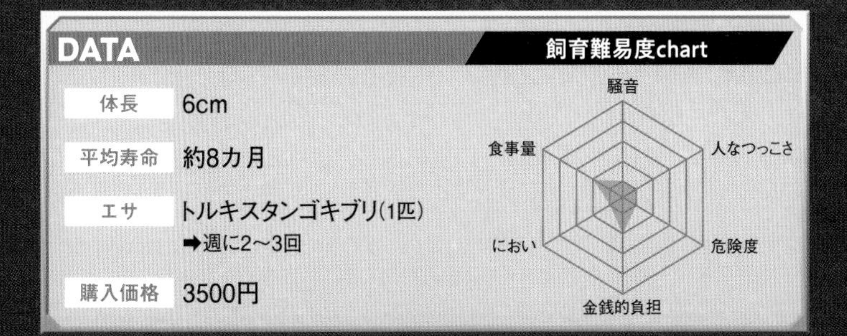

世界最大級の巨大ゴキブリ

ヨロイモグラゴキブリ

世界最大級のゴキブリ。見た目も一般的なゴキブリとは大きく乖離していて、羽はなく、体は甲虫のような硬い殻に覆われています。サイズもカブトムシと比べても引けを取らないようなサイズです。動きもゆっくりで壁も登らないし、飛びもしないので一般的なゴキブリのような不快感はありません。むしろその重戦車のような外見はかっこよさすらあります。ゴキブリにしては値段が高くなかなか踏み切れませんでしたが、あるイベントで安くしてもらえたのでオスとメスのペアをお迎えしました。

DATA

体長	8cm
平均寿命	約7年
エサ	ユーカリの枯れ葉、広葉樹の枯れ葉、昆虫ゼリー
購入価格	2万5000円

飼育難易度chart

騒音
人なつっこさ
危険度
金銭的負担
におい
食事量

飼い方のPOINT

POINT 1 床材はくぬぎマットを。3cmくらいの深さでOK

ヨロイモグラゴキブリは地中深くに穴をほって生活する虫なので、床材もある程度深さが必要。我が家ではくぬぎマットを20cm近くまで入れて飼育していましたが、それでは観察がしづらく、健康状態がわかりづらかったため、3cm程度の厚さの床材に変えたところ十分でした。

POINT 2 エサは枯れ葉でOK！繁殖させたいならユーカリを

ただ飼育するだけなら日本の広葉樹を与えるだけでもよいとされています。しかし、オーストラリア原産の生物のため、繁殖までさせるにはユーカリの枯れ葉が必要と聞き、日本に数箇所あるユーカリの木が植えられている公園に出向いてユーカリの枯れ葉を採集し、エサにしています。

POINT 3 冬は霧吹きをして湿度を保つ

ゴキブリの中には乾燥を好む種もいますが、ヨロイモグラゴキブリは適度に湿度がある環境を好みます。50%程度の湿度があれば十分なので、乾燥しやすい冬の時期は床材の一部に霧吹きをして湿らせ、水分補給ができるようにしてあげるといいでしょう。

「シュー」と鳴くゴキブリ!?

マダガスカルゴキブリ

別名「ヒッシングローチ」という名前のとおり、威嚇する際に「シューッ」と音を出します。日本では見ることのできないサイズのゴキブリで、オスもメスも羽は生えず、動きもゆっくりなので一般的なゴキブリよりも不快感はありません。もともとエサ用として繁殖させようと思い飼育をはじめましたが、繁殖させるのが楽しくなってしまい結局あまりエサにはしていません。マダガスカルゴキブリにはさまざまな種類がいて、それぞれ違った形や魅力があり、繁殖させるのも楽しいです。

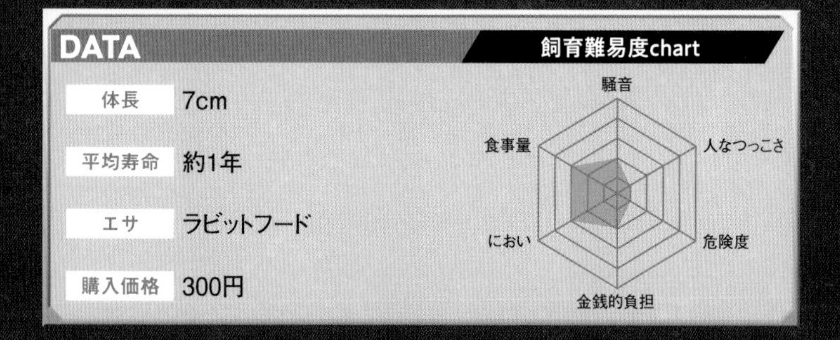

DATA

体長	7cm
平均寿命	約1年
エサ	ラビットフード
購入価格	300円

飼い方のPOINT

POINT 1 隠れ家は卵パックより鉢底ネットがオススメ！

ゴキブリを飼育するなら隠れ家は必須。ゴキブリの隠れ家といえば卵パックが一般的ですが、紙製の卵パックは崩れやすい上に、掃除がやや面倒です。鉢底ネットを丸めて中にゴキブリが入れる形にしたものを隠れ家にすれば、水で丸洗いできるので掃除もラクですよ。

POINT 2 幼虫はちょっとした隙間からスルッと抜け出す!

生まれたての幼虫は、普通の虫かごの網目ではすり抜けてしまえるほどの薄っぺらさ。ほんの少しでも隙間があれば脱走してしまうので、我が家では虫かごではなくタッパーを改造したケースで飼育しています。タッパーであればフタの外周は密閉されているので脱走の心配はありません。

POINT 3 壁を登るのがうまい！ケージのフタを開けるときは注意

壁を登るのがとても上手で、脱走が得意なのは成虫になってからも変わりません。メンテナンス時にフタを開けるときも、壁を登ってくるゴキブリたちを常に監視し、はたき落としながら脱走を防ぎましょう。うっかりひっくり返したりして逃してしまうと捕まえるのは大変です！

重量感のある色味が迫力抜群！

マダガスカルゴキブリ（オブロンゴナタ）

数あるマダガスカルゴキブリの中でも大型の種類で、長さだけであればヨロイモグラゴキブリにも引けを取りません。普通のマダガスカルゴキブリは白や黄土色の体色ですが、オブロンゴナタは重厚感のある深い茶色で、ヨロイモグラゴキブリのような体色をしています。繁殖の難しいヨロイモグラゴキブリに対し、この種は比較的繁殖が容易。なかなか繁殖しない場合は動物性タンパク質の含まれるエサも与えたほうがよいと聞き、ドッグフードも混ぜて与えたところ繁殖に成功しました。

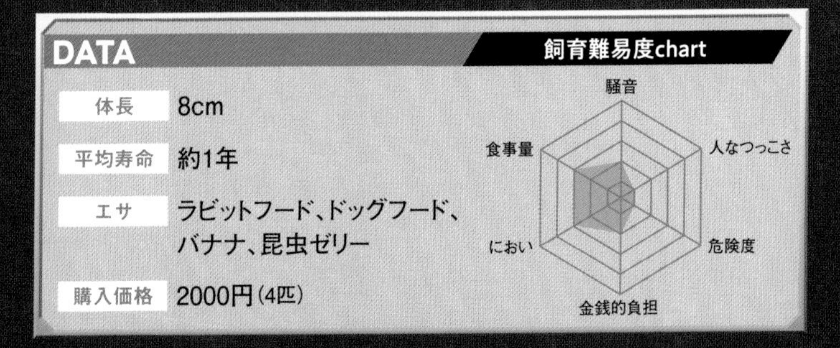

DATA

体長	8cm
平均寿命	約1年
エサ	ラビットフード、ドッグフード、バナナ、昆虫ゼリー
購入価格	2000円（4匹）

日本最大のゴキブリ！

ヤエヤマオオゴキブリ

八重山諸島に生息するゴキブリ。一般的なゴキブリと違い、森の中に生息し朽木を食べているゴキブリなので汚くないです。ずんぐりむっくりした体つきに、ゆっくりとした動きなので可愛らしいゴキブリだと思います。成虫は非常に大きくなり、5cm程度にまで成長するので迫力たっぷりでかっこいいです。ゴキブリなのに、あまり密集して生活させると殺し合ってしまうそうなので、ある程度増えたら別容器に移すようにしたほうがいいでしょう。エサの朽木は湿り気のあるものが理想です。

爬虫類の食用としてピッタリ！

トルキスタンゴキブリ

飼っている爬虫類や虫達のエサ用として繁殖させるために購入しました。素早く動くので、動く虫に反応して食べるタイプの生き物にぴったりです。また、体が柔らかいので、あまり噛む力が強くない生き物のエサにするのにもちょうどいいと思います。繁殖力が非常に強く、どんどん子どもが生まれるので最初に数百匹買っておけば、それ以降買わなくて済みます。ただし、繁殖力が強いため逃げられたら早めに対応しないと根絶するのは難しいです。脱走されないように気をつけましょう！

DATA

体長	2cm
平均寿命	半年〜1年
エサ	ラビットフード、昆虫ゼリー
購入価格	5円

飼育難易度chart

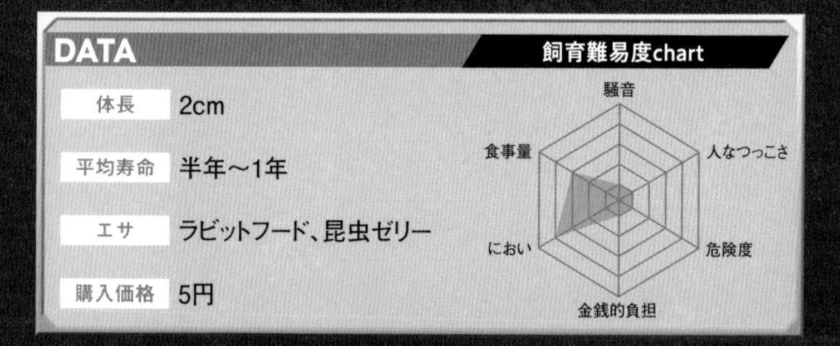

捕食が下手な爬虫類のエサに

アルゼンチンモリゴキブリ

トルキスタンゴキブリと同じく、飼っている爬虫類や虫達のエサ用として繁殖させるために購入しました。繁殖が容易なので、最初に500匹買っておけば当分買い足さなくてもやりくりできます。飛ばないうえに、動きが遅く壁も登らないので管理もラク。メスは羽も生えていないので、不快感も少ないです。動きが遅いので、捕食が下手なペットのエサとしてもちょうどよく、大きいのでボリュームも十分。大量に増やすために衣装ケースのフタをくり抜き、網戸を貼りつけて飼育しています。

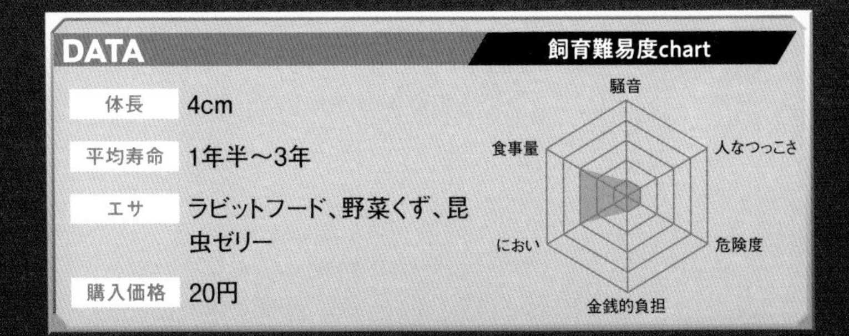

DATA

体長	4cm
平均寿命	1年半～3年
エサ	ラビットフード、野菜くず、昆虫ゼリー
購入価格	20円

まるで真珠!?　超レアな白いダンゴムシ

オカダンゴムシ（アルビノ）

　公園や庭などで見かけるいわゆるダンゴムシ。そもそもダンゴムシという生き物自体が好きで、動きはゆっくりだしコロコロしていて可愛いと思っています。アルビノなので全身真っ白で光沢があり、真珠のように美しいです。アルビノとはいえ、その辺りにいるダンゴムシと同種なので、比較的簡単に繁殖してくれます。友人のすすめでワラジムシの飼育にハマった時期があり、ワラジムシと似たダンゴムシも飼いたくなったのですが、どうせ飼うならとアルビノをお迎えしました。

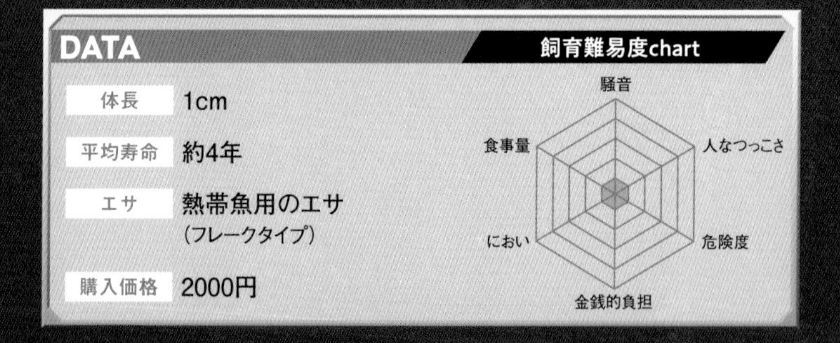

DATA

体長	1cm
平均寿命	約4年
エサ	熱帯魚用のエサ（フレークタイプ）
購入価格	2000円

飼い方のPOINT

POINT 1 定期的に床材に霧吹きを。ただし半分だけでOK

ダンゴムシは湿ったところが好きなので、定期的に霧吹きをしています。とはいえ、床材全部を湿らせるのではなく、半分だけ湿らせてダンゴムシが好みの湿度の場所を選べるようにするといいでしょう。日本に普通に生息している虫なので、温度は気を使わなくても問題ありません。

POINT 2 腐葉土は床材にもエサにもなる

カルシウムパウダーをまぶした熱帯魚用のエサを与えていますが、ダンゴムシは腐葉土も食べるので、床材を腐葉土にしておくと床材兼エサになって便利です。厚めに敷いておくと湿度も保ちやすいので、我が家ではプラケースに5cm程度腐葉土を敷いて飼育しています。

POINT 3 腐ったエサや死骸はすぐに取り除く

湿度を保つということは、エサを入れっぱなしにしておくと腐りやすいということ。ケースの中をよく観察して、エサが腐っていたらすぐに取り除いてください。また、ダンゴムシの死骸も気づいたらすぐに取り除いて、できるだけ住みやすい環境をつくってあげましょう。

ずんぐりとした体型が個性的

マグニフィカスオオワラジ

ワラジムシの飼育にハマって慣れてきたころ、外国産の高くてかっこいいワラジムシを飼おう！　と思って探していたところ、一目惚れしてお迎えしました。オオワラジという名前のとおり日本で見るワラジムシよりも大型で、全身が赤っぽく独特の色合いをしているところがかっこいいです。ずんぐりとした体型と、ゆっくりとした動きが可愛いですね。長くて太い触覚をブンブンと振りながら歩き回るので、なんだか見ていて面白いです。そして大きい体形のわりにスピードが速いです。

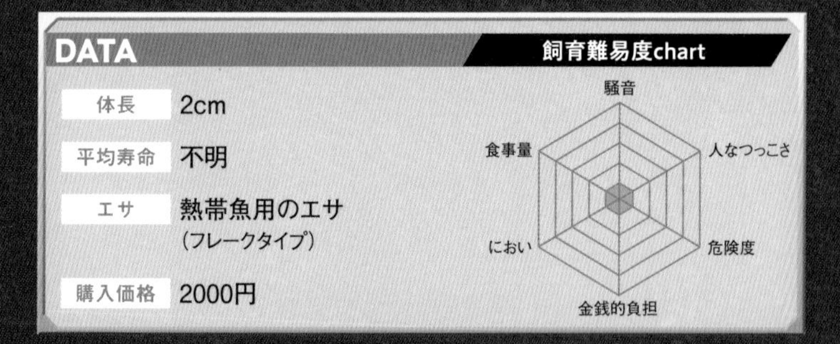

DATA

体長	2cm
平均寿命	不明
エサ	熱帯魚用のエサ（フレークタイプ）
購入価格	2000円

飼い方のPOINT

POINT 1 床材は腐葉土がオススメ！ 隠れ家の樹皮も入れてあげる

マグニフィカスオオワラジは腐葉土に潜ってじっとしていることが多いので、ケースは小型でも十分です。我が家は 26cm ほどのクリアスライダーというプラケースに、湿度を保ちやすい腐葉土を 5cm ほど敷き、エサ入れ、そして隠れ家となる樹皮を入れてあげています。

POINT 2 湿らせすぎはNG！ 少しずつ霧吹きを

ワラジムシはほどよく湿度が必要ですが、湿らせすぎてもよくないので、ケージ内の様子を見ながら霧吹きで少しずつ湿度を与えるようにしましょう。温度も低すぎないほうがいいです。我が家では、エアコンを 30 度に設定した部屋にプラケースを置いて飼育しています。

POINT 3 腐葉土だけでは不十分！ 熱帯魚用のエサを与える

ワラジムシは腐葉土も食べますが、熱帯魚用のフレークタイプのエサをひとつまみし、カルシウムパウダーをまぶしたものをなくなり次第追加して与えています。多湿の環境で飼育するとエサが腐りやすいので、ケージ内をよく観察して腐っているエサを見つけたら取り除いてください。

透き通った白さがまるで幽霊!?

ボリバリーユウレイオオワラジ

スペイン原産のワラジムシ。ワラジムシの飼育にハマってさまざまなワラジムシを集めていたころ、そのユニークで美しい見た目に惹かれてお迎えしました。オオワラジという名前のとおり、日本で見るワラジムシよりも大型。体節一つ一つの端が離れているため、まるで三葉虫のようなかっこよさがあります。ユウレイというだけあってまるで透けているような白い体色は、神秘的なまでの美しさを持っています。環境さえ合えば勝手に繁殖してくれるのも、ワラジムシの飼育の楽しい点です。

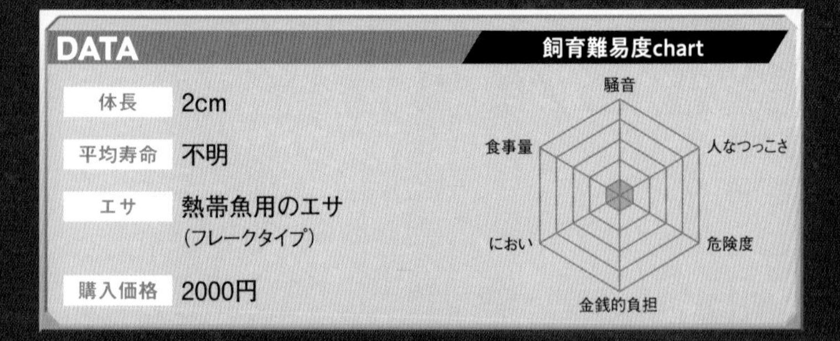

DATA

体長	2cm
平均寿命	不明
エサ	熱帯魚用のエサ（フレークタイプ）
購入価格	2000円

飼い方のPOINT

POINT 1 小型のアクリルケースを用意。床材は腐葉土がオススメ

オオワラジとはいえ、極端に大きいわけではなく、活発に動き回るわけでもないのでケースは小型でも十分です。我が家は10×6×8cmのアクリルケースに、湿度を保ちやすい腐葉土を薄く敷き、エサ入れを置いています。また、隠れ家となる樹皮を入れてあげると落ち着きます。

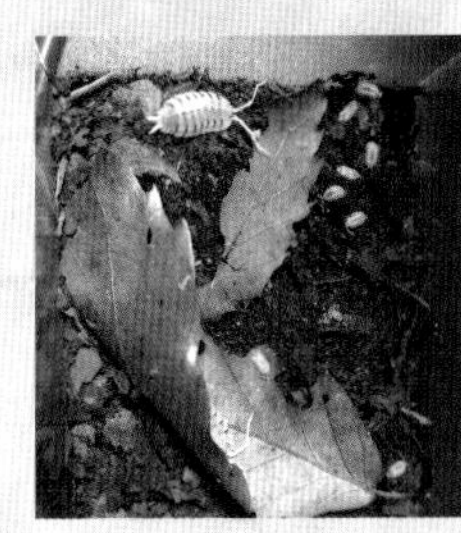

POINT 2 エサは床材に置かないように。エサ入れを用意する

エサを直接床材に置いてしまうと、腐りやすくなってしまいます。我が家では、ペットボトルのキャップを逆さにし、一部を切り取ってワラジムシが上がれるようにしたものをエサ入れとして置いています。もし腐ったとしてもキャップを洗うだけでいいので管理がラクです。

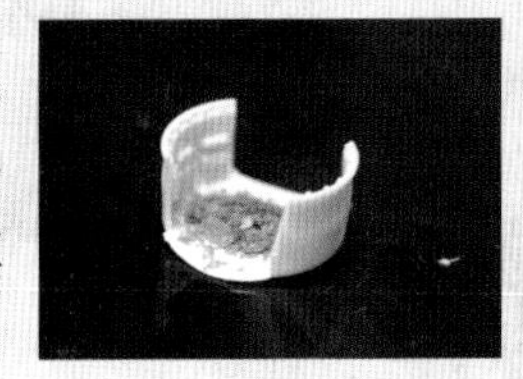

POINT 3 湿度は必要だけど霧吹きはほどほどに

ワラジムシはほどよく湿度が必要ですが、湿らせすぎてもよくないので、ケージ内の様子を見ながら霧吹きで少しずつ湿度を与えるようにしましょう。温度も低すぎないほうがいいです。我が家ではエアコンを30度に設定した部屋にアクリルケースを置いて飼育しています。

巨大すぎるダンゴムシ!?

メガボール

ダンゴムシのような見た目をしていますが、タマヤスデという短くて丸まることができるヤスデの仲間で、正式名称は「ネッタイタマヤスデ」。名前のかっこよさもさることながら、拳大の巨大なダンゴムシのような生き物で憧れていました。まだあまり生態がわかっていない虫で、飼育が難しいと聞いて手を出すのを敬遠していたのですが、ある日参加したイベントで非常に安くなっていたので、ものは試し！　と飼育してみることに。独特の深緑の体色はよく見るとツヤがあり美しいです。

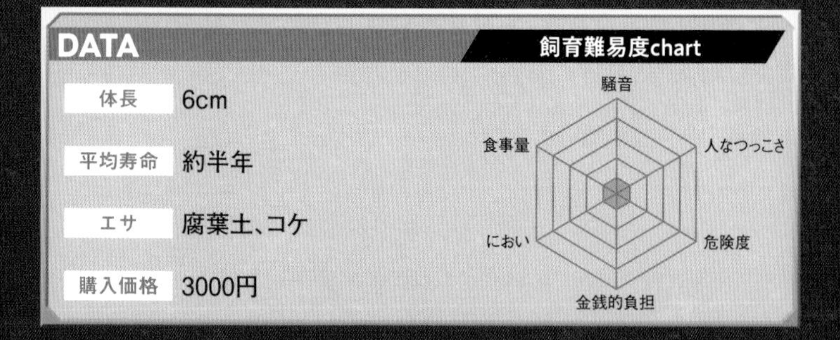

DATA

体長	6cm
平均寿命	約半年
エサ	腐葉土、コケ
購入価格	3000円

飼い方のPOINT

POINT 1 健康状態は重さで確認。購入時は重たいものを選ぶ

活発に動く虫ではないため、健康状態がパッと見ただけではわかりづらいのですが、弱っている個体は持ってみると軽いと言われています。お迎えするときは必ずお店で一度持たせてもらい、複数の個体の中から選べるようなら一番重い個体をお迎えするといいと思います。

POINT 2 生きたコケを与えると長生きする……らしい

生体の研究がまだ進んでいないため長期飼育が難しいのですが、タイで採取をしたとき案内してくれた人に聞いたところ、少なくともタイのタマヤスデはコケをムシャムシャ食べるということでした。それに習って、屋外で生きているコケを採取してきてエサとして入れています。

POINT 3 床材がそのままエサになるからコスパがいい

メガボールはコケのほかに腐葉土もエサとしています。そのため、腐葉土やコケを床材として敷いていれば、床材がそのままエサになるのでエサやりもエサ代も必要なくコスパがいいです。

「暗殺者」の名をもつ吸血鬼

スパイニージャイアントアサシンバグ

アフリカに生息する大型のサシガメで、体中にトゲが生えています。サシガメは肉食性のカメムシの仲間で、ストロー状の口を獲物に突き刺し、消化液を注入して溶けた獲物の体を吸うという、想像するだけで鳥肌が立ちそうな食性をしています。

エグいながらもその恐ろしさに魅力を感じ、知人が繁殖させたものを譲ってもらって飼育しはじめました。トゲだらけの見た目とかなり大型のサシガメということで、個人的にはサシガメの中で最もかっこいい種だと思っています。

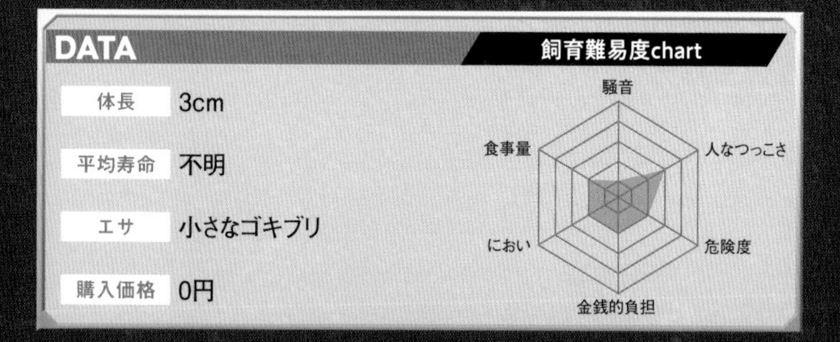

DATA	
体長	3cm
平均寿命	不明
エサ	小さなゴキブリ
購入価格	0円

飼い方のPOINT

POINT 1 木の上で暮らすことが多いので足場をつくってあげる

スパイニージャイアントアサシンバグを含め、サシガメは樹上性の生き物です。自然下とできるだけ近い環境が望ましいので、ケースに登ることのできる足場をつくって入れてあげましょう。我が家では、鉢底ネットをアーチ状にして足場にしたものを入れています。

POINT 2 ハチに刺されるより痛い!? 素手では絶対触らないで

サシガメの口を突き刺す攻撃は、人間相手にも行うことがあります。刺されたときの痛みは強烈で、ハチに刺されたとき以上に痛いと言われているので決して素手では触らないようにしてください。エサやりをするときは、革手袋か軍手などをしておくと安心です。

POINT 3 湿度を保つためミズゴケを入れる

基本的には木の上で暮らす生き物ですが、飼育するにはほどよい湿度も必要です。床材に定期的に霧吹きをするか、ミズゴケを入れてあげるといいでしょう。我が家では、水分補給のために一部だけ濡らしたミズゴケを入れて、常に湿っている部分をつくるようにしています。

インドネシアの悪霊「オバケコロギス」

リオック

インドネシアに生息する昆虫。昔、「虫王」というさまざまな虫同士を戦わせるというビデオがありました。そこで圧倒的な強さを誇ったのがこの「化け物コロギス」ことリオックでした。タランチュラやカマキリ、ヒヨケムシといった強敵をことごとく打ち倒す様はまさに怪物！そんな虫に健全な男子が惹かれないわけがありません。そんな戦績がなくとも、最大全長8cmという体躯は、強烈なインパクトと共に憧れを抱かせます。ある日イベントで見かけ、思い切ってお迎えしました。

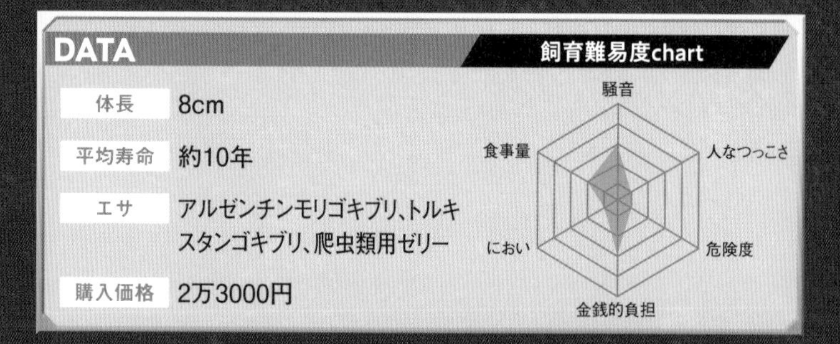

DATA

体長	8cm
平均寿命	約10年
エサ	アルゼンチンモリゴキブリ、トルキスタンゴキブリ、爬虫類用ゼリー
購入価格	2万3000円

飼い方のPOINT

POINT 1 顎の力は想像以上！持つときはピンセットで

リオックは非常に強力な顎をしていて、牙もあるためカマキリなどの硬い獲物でもバキバキと噛み砕いて食べてしまいます。もし噛まれれば人間も出血は免れないと思われるので、素手で触れるのはやめましょう。持ち上げたいときは、ピンセットなどを使ったほうが安心です。

POINT 2 格子状の虫かごは噛み切られる可能性大！

リオックの顎は非常に強力で、プラスチックでできた造花などを噛み切ってしまったという例もあります。我が家でも虫かごのフタを噛み切られそうになったので、牙が入る隙間がないプラスチック板に細かい穴を開けて通気性を確保するタイプのデジケースで飼育しています。

POINT 3 床材やゼリーなど飼育方法は先駆者の知恵から

床材には広葉樹をくだいて土状にした「産卵マット」というカブトムシやクワガタ用のものを15cmほど敷きます。床材には水を差し、湿度の高い部分とそこまで高くない部分をつくっています。日本で初めてリオックの繁殖に成功したであろう人のやり方を真似させてもらいました。

丸い大きなウルっとした目がたまらない

フクロモモンガ

オーストラリア大陸に生息。体にはたくさん臭腺があり、においで仲間を判断したり、縄張り争いをしたりします。ただし、フクロモモンガ自体が臭いのではなくおしっこが臭いだけなので、こまめに掃除してあげれば飼育は問題ありません。大きくつぶらな眼、ピンクのお鼻、小さい手足がとにかく可愛いですし、高級な絨毯のようなふわっふわの柔らかい毛質は、犬や猫など他の哺乳類とは全然違います。個体によっては高いところから滑空する姿を見ることができるのも面白いですね。

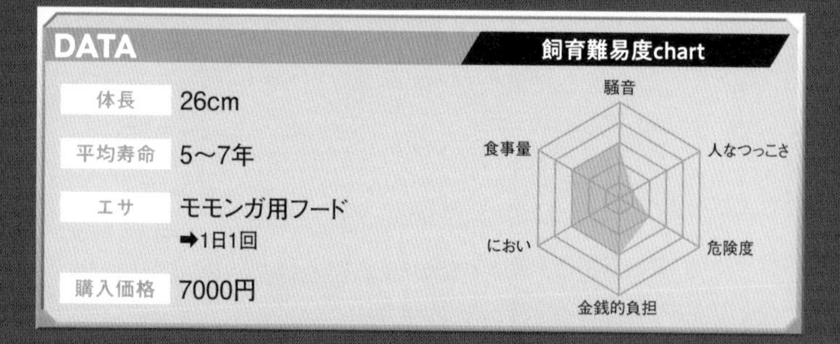

DATA

体長	26cm
平均寿命	5〜7年
エサ	モモンガ用フード ➡1日1回
購入価格	7000円

飼い方のPOINT

POINT 1 ベタ慣れさせたいなら ベビーでお迎えを

フクロモモンガは大人から人に慣らすのは難しいです。ベタ慣れの子を飼いたい人は、赤ちゃんを買って馴らしながら飼うか、大人ですでにベタ慣れの子をお迎えすることをオススメします。オスは大人になると頭の毛がハゲるので、それが嫌な人はメスを買ったほうがよいです。

POINT 2 立体活動をするので 縦長のケージを

フクロモモンガは本来樹上性の生き物なので、縦長のケージで飼育するといいです。ケージには登り木や木のステージを設置して、立体活動がしやすいようにしてあげましょう。また、ケージの上の方には全身が入る隠れ家をつけ、小動物用の水入れとエサ皿も置いてあげます。

POINT 3 おしっこの撒き散らしに注意！ 鳥かごだと錆びることも

フクロモモンガはよく動き回るので、鳥かごで飼育するとカゴの隙間から床材やおしっこを撒き散らしてしまいます。また、おしっこでカゴが錆びるので鳥かごよりアクリルケージがオススメ。おしっこもフンもたくさんするので、定期的に掃除をし床材も全交換してあげてください。

ペットとして人気急上昇中！

ウズラ

ウズラは暖かい春に北海道や東北地方で繁殖し、関東地方から九州地方で冬を越すキジ科の渡り鳥です。丸々とした小さい鳥という時点で可愛いのですが、本来は渡り鳥なのに基本的に飛ばずに歩き回っているだけというところも愛嬌たっぷりです。全体的に茶色いのですが、一見地味にも見える体色がよくみると繊細な模様をしていてキレイだなと思います。毎日卵を産みまくり、それを温めればまたウズラが増えるという無限サイクルをつくれるのもウズラ飼育の楽しさだと思います。

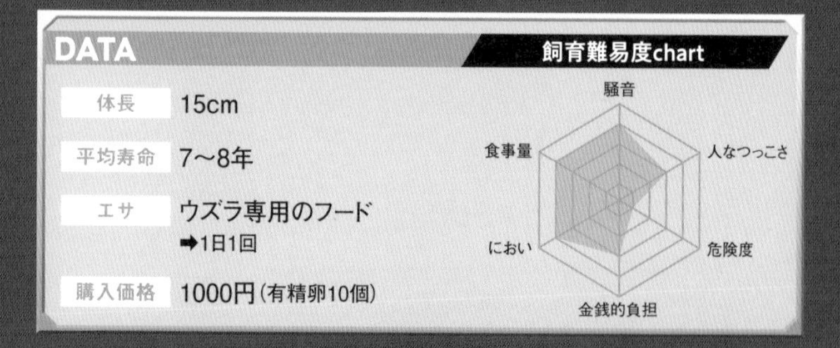

DATA

体長	15cm
平均寿命	7〜8年
エサ	ウズラ専用のフード ➡1日1回
購入価格	1000円（有精卵10個）

飼い方のPOINT

POINT 1 頭をぶつけないよう天井は柔らかい素材に

ジャンプしたり飛んだりしたときに、天井に頭をぶつけて死んでしまう個体もいると言われています。我が家では衣装ケースのフタをカッターでくり抜き、網戸を張ってフタを柔らかくし、ぶつけても痛くないようしています。網戸を張ることで通気性の確保にもなります！

POINT 2 砂浴びができる砂場を用意。床材は藁がオススメ！

ウズラは水浴びをせず、砂浴びをすることで体を清潔に保つ生き物なので、砂場を併設させてあげるといいでしょう。ウズラはフンをたくさんするので、床材として敷く藁や砂は定期的に交換します。床材は藁にすれば、フンを踏んでしまっても歩いているうちに擦れて取れますよ！

POINT 3 自分で孵化させる楽しみが味わえる！

ウズラの卵は約17日間で孵化します。専用の孵卵器も安価で販売されているので、自分で孵化させて飼育してみると感動もひとしおですよ。我が家のウズラもはじめはペット用のエサにしようと有精卵を買ってきたものの、孵化させたところ可愛すぎたので飼育しています。

Column

生き物いろいろTOP 3

好きな生き物は？

イリエワニ

コモドオオトカゲ

オオサンショウウオ

1位は世界一大きく強い爬虫類で、2位は世界一大きい強いトカゲ。3位は世界一大きい両生類で見た目も渋くて好きです。

苦手な生き物は？

野犬

ハブ

オオスズメバチ

すべて危険すぎる生き物です。野犬は噛まれると狂犬病の恐れがあり、ハブは噛まれると最悪死にます。スズメバチも攻撃性が高く油断なりません。

鰐家の危険な生き物は？

ワニガメ

ブラジルカイマン

ヤシガニ

ワニガメは指を噛みちぎります。ブラジルカイマンはまだ小さいですが、噛まれると肉は取られます。ヤシガニは挟まれると骨折必至です。

今後飼いたい生き物は？

コールダック

オオアタマガメ

ヘルベンダー

コールダックはとにかく可愛い！　オオアタマガメは見た目が独特でかっこいい。ヘルベンダーは飼育できる最大のサンショウウオです。

Chapter 5

鰐の日常

ちゃんねる鰐の飼育論や楽しい生き物ライフをご紹介。
どうやって飼育しているのかのぞいてみよう。

鰐の日常①

「生き物と暮らす」ということ

80 種以上の生き物を飼育しているちゃんねる鰐。
多くの命を預かる彼の生き物との向き合い方を探ります。

たくさんの生き物の命を預かっているからこそ、飼い主として忘れてはいけない「心構え」がある。

物心ついたころから生き物が好きで、幼稚園のころから虫を追いかけ回し、学校では必ず生き物係に立候補していました。生き物の飼育をはじめたのは小学2年生。中学時代には生き物が好きなことを理解してくれるいい先生に出会い、捕まえた魚の展示をさせてもらったり、学校の水槽で鮭を卵から孵化させて育てた稚魚を放流する活動を行ったりしていました。

生き物好きは大人になっても変わらず、今は約 80 種以上の生き物を飼育しています。全ての生き物にはそれぞれかっこよさや可愛さ、面白さなど何かしらの魅力があるので、いろいろ

な生き物を飼育したくなるのは当然のこと。元々賃貸のアパートで暮らしていましたが、「巨大な水槽を置きたい」「ワニを飼いたい」などの希望を叶えるために一軒家の購入を決意したのも、特別なことではありませんでした。

「生き物を飼育しているという時点で人間のエゴだ」という意見もあります。それは事実です。しかし、そのエゴの中でもよりよい暮らしを提供してあげるのが命を預かる者の責務だと思っているんです。例えば、僕はケージをいつもキレイに保ち、目線の高さに置いて「よく見る」ことを大切にしています。よく見ていれば、それだけその生き物にも愛着がわいてもっといい環境で飼育してあげようという気持ちになります。些細なことですが、とても大事なことなんです。

生き物の成長を実感すると、愛情を持って接した達成感と無事に大きくなってくれた生き物への感謝の心が交わり、とても幸せな気持ちになります。そんな気持ちにさせてくれる生き物にも幸せになってほしいからこそ、「飼育されている生き物には自分しかいないんだ」という意識を常に持ち、最後まで責任を持って飼育しなければならないと思っています。

鰐の日常 ②

飼育費のホンネ

飼育費はいったいどれくらい？
何にどれくらい飼育費がかかるのか詳しく説明していきます。

電気代とえさ代は必須だけど工夫すれば安く抑えられます!

我が家では約80種の生き物を飼育していますが、電気代は最も高い月で8万円、安い月で2万円です。水道代は平均で8000円程度です。エサ代は、エサ用のゴキブリを繁殖させたり、毎日与える必要がない生き物も多いので月3万円程度で済んでいます。電気代が最もかかる要因は温度管理です。特に冬は室温を暖めるために春や秋などの過ごしやすい季節より倍の電気代がかかります。水道代はほぼ水換えにかかり、10種以上の生体の水の管理をしています。

これだけ生き物を飼育していると、お金があるから生き物を飼えるのでは？　と言う人がいます。しかし、少ないお金の中でも飼育できる生き物や環境を考えれば、誰でも飼育することができると僕は思ってます。例えば、飼育ケースはガラス製の数万円するようなものでなくても、温度や湿度、通気性などがしっかりと確保できれば衣装ケースでも問題ありません。また、エサは屋外で採集したもので代用することもできます。カルシウムパウダーも卵の殻やイカの骨を自分で砕いてつくっている人もいます。

手間暇と愛情をしっかりとかければ工夫できることはたくさんあるのです。お金があるに越したことはありませんが、ないことを理由に飼育を諦めてほしくはありません。

1ヶ月の飼育費の詳細

エサ代

エサ	値段	数量	合計
アダルトマウス	150 円	16	2400 円
ホッパーマウス	100 円	32	3200 円
ピンクマウス L	60 円	8	480 円
ピンクマウス S	40 円	40	1600 円
ヒナウズラ（500g）	1000 円	3	3000 円
冷凍ワカサギ（1k）	1000 円	3	3000 円
フレッシュ赤虫（35 ブロック）	100 円	2.5	250 円
野菜（1 パック）	100 円	60	6000 円
ウサギのごはん（1 パック 7.6kg）	1000 円	1	1000 円
ハムスターフード（1kg）	1000 円	1	1000 円
モモンガフード（220g）	500 円	2	1000 円
うずらのエサ（500g）	300 円	7	2100 円
カメのエサ（550g）	1500 円	2	3000 円
金魚のエサ（300g）	100 円	1	100 円
テトラレプトミンスーパー（300g）	1000 円	1	1000 円
ブドウ虫 1 パック（30 匹）	620 円	1	620 円

計 29750 円

電気代の目安 （1kwh単位27円とした場合）

	ワット数	稼働時間	設置数	合計
エアコン	500W	24h	5	45000 円
暖突	57W	24h	3	3000 円
パネルヒーター	15W	24h	3	870 円
バスキングライト	100W	9h	12	8700 円
LED ライト	9W	9h	1	65 円
濾過装置	5W	24h	15	1500 円
水中ヒーター	100W	24h	1	1900 円
電撃殺虫器	5W	8h	1	30 円
空気清浄機	15W	24h	1	300 円

計 61365 円

水道代の目安 （1リットルの単位を0.24円とした場合）

用途	水量	頻度	水道代料金
180cm 大型魚水槽の水換え	300 L	週に 1 回	216 円
180cm カメ水槽の水換え	150L	週に 1 回	108 円
アミアカルヴァ水槽の水換え	60L	週に 1 回	43 円
ワニガメ水槽の水換え	30L	週に 1 回	22 円
ワニ水槽の水換え	30L	週に 1 回	22 円
マタマタ水槽の水換え	20L	週に 1 回	14 円
ミズオオトカゲメラニスティック水槽の水換え	60L	3 日に 1 回	144 円
ミズオオトカゲアルビノの水入れの水換え	60L	毎日	432 円
ノドグロオオトカゲ水入れの水換え	60L	毎日	432 円
サバンナオオトカゲ・アフリカンロックモニターの水入れの水換え	25L	毎日	180 円
イグアナの水入れの水換え	25L	毎日	180 円

（※基本料金・下水道料金は含みません）計 1793 円

鰐の日常③

購入するまでの流れ

生き物との出会いから購入するまでの流れを伝授！
基本的な流れを紹介します。

STEP 1 SNSで情報をチェック

TwitterなどのSNSでいろんな飼育者さんの写真を見たり、ショップの入荷情報をチェックします。基本的にまずはネットで**「この生き物良いな！」**と思う所からはじまります。

POINT　鰐のSNS情報もチェックしよう！

Twitter

YouTube動画の更新情報や、生き物の写真、日常動画をアップ。

Instagram

生き物の美しい魅力あふれる写真をアップ。取材先で撮った写真もある。

STEP 2 生き物の情報をチェック

◀お気に入りの爬虫類本

気になった生き物がいたら、ネットや本でその生き物について調べます。**飼育方法、サイズ、寿命、値段**などを加味して考えた上で**「飼いたい！」**と思ったら、次は実際にショップやイベントでその生き物を探します。

STEP 3 ショップやイベントで生き物探し

個体差を見るだけでなく、**健康状態も見ておく必要があります。**ショップで怪我や病気になってしまっている子もいますし、遠い外国から来ている生き物だと輸送時の疲れから入荷直後は体調を崩していたりする子もいるので、ちゃんと確かめましょう。

POINT 妥協して買わないように!

同じ種類の生き物でも、個体によって微妙に色や模様、性格や顔つきが違います。自分が「この子を迎えて良かった」と思える理想の個体を探しましょう。そのほうが末永く愛情を持って飼育していけると思っています。

STEP 4 飼育設備を購入

お迎えをする前に飼育設備を購入し、迎える準備を整えておきましょう。魚であれば水をキレイにしてくれるバクテリアを定着させるために、1週間は濾過装置を稼働させておきます。また、**イベント会場やショップで飼育器具も販売されている**ので、合わせて買うのもアリです。

STEP 5 生き物を購入!

店員さんに飼い方を聞き、そのショップでは**何を食べているのか**、ちゃんと**餌は食べているか**、**フンはしているか**なども聞いて、大丈夫そうならお迎えするというのが理想です。

POINT 生き物との出会いは一期一会!

種類が同じでも同じ生き物というのはこの世に存在しません。ビビッ! と来た子をお迎えしよう。

鰐の日常 ④

生き物の選び方・買い方

生き物を購入するときの見るべきポイントや買い方を紹介。
最低限の基礎知識ルールを覚えましょう。

購入時のチェックポイント

爬虫類

- ✓ 痩せていないか（骨が浮き出ていたりしないか）
- ✓ 脱水を起こしていないか（脱水していると目が窪む）
- ✓ 指が欠けていないか
- ✓ 動きがおかしくないか（骨に異常があるときがある）
- ✓ 出血や腫瘍などないか

両生類

- ✓ 痩せていないか
- ✓ 変な動きをしていないか
- ✓ 出血や腫瘍などないか
- ✓ 足の色に異常はないか

（水が悪いとレッドレッグという足が赤くなる病気にかかります）

魚類

- ✓ 出血や腫瘍などないか
- ✓ ひれや体に白い点や細長い糸のようなもの（寄生虫）がついていないか
- ✓ ひれが力なく垂れ下がっていないか

（健康な魚はひれがピンと張っている）

虫類

- ✓ お腹の膨らみ（痩せていないか）
- ✓ 動きの緩急
- ✓ 足の力の入り方（体の持ち上がり方）
- ✓ 全体的に元気そうか

購入方法

総合ペットショップ

犬や猫も取り扱っているショップで、爬虫類もいるタイプ。店内は綺麗だが、基本的に少し割高のお値段。爬虫類の品揃えが少ない場合が多い。爬虫類に詳しい店員さんもいるが知識が乏しい人もいるので確認すること。

専門店

知識が深く、聞くと喜んで教えてくれるような店主が多い。店内が狭く、一見さんは入りづらいが、品揃えは面白い。生き物はピンからキリまであり、状態の悪い生き物を置いている場合もあるので、ある程度知識があると安心。

即売イベント

全国の専門店が集まり、生き物を販売するイベント。普段見慣れない生き物を一度に見ることができて、見比べて選べるのは大きな利点。安く購入できるのも魅力。ただし持ち帰るまでに時間がかかり、生体が疲れやすいので気をつける。

ブリーダーからの直接購入

ネットで告知をしていたり、個人的に仲の良いブリーダーから購入する。生体の状態やクオリティがとても良い事が多い。繁殖まで成功させた飼育スタイルを聞くことができるので安心。

通販

両生類、魚類、甲殻類、虫類は通販で買うことができる。簡単に購入できるが、配送中に弱ったり、死んでしまう危険性がある。暑すぎず寒すぎない春に利用するのが理想。実際に見て選ぶことができないので要注意。

ネットオークション

両生類、魚類、甲殻類、虫類はネットオークションで出品されている。ショップでは売っていないマニアックな生き物が購入できる。販売価格も安くスムーズな取引が可能。ただし悪質な出品者もいるので注意。

購入時のルール

哺乳類・鳥類・爬虫類は動物愛護法によって保護されているため、**対面販売**（通販ではなく直接会って、生き物を見て販売する方法）が**義務づけられています。**その際、動物虐待の防止のために「誰が誰にいつ何を売ったのか」ということがわかる**「生体販売証明書」という書類を記入**します。対面販売は、一度売り主とその生体に会うことが条件なので、後から購入し送ってもらうという形でもOK。また、両生類、魚類、虫類などは動物愛護法に適用されていないため、通販で購入する事が可能です。

鰐の日常 ⑤

YouTube動画ができるまで

生き物をあつかった動画制作はなんだかとても大変そう…。ネタづくりから編集まで、動画が出来上がるまでの様子をご紹介！

STEP 1 ネタづくり

生活の中で常に生き物について考えています。食べ物を見れば「これあいつのエサになるんじゃ…？」など考えてしまうので、それがそのままネタになります。SNSを見て参考にするときもあり、面白そうな人がいたらどんどん声をかけていきます。また、思いついたネタは忘れないように**携帯にメモをして、常に30本分くらいのネタをストック**しています。

メモ

2020年2月27日 17:06

・カブトエビを卵から育てる
・エジプト風シェルター自作！
・フクロモモンガにバナナを与える
・プロの画家にフトアゴの絵を描いて貰いました！
・ケヅメリクガメ園訪問
・ピラニアに金魚
・ピラニアにザリガニ
・お部屋紹介（地震対策）
・ロックフィルター自作
・特定の迎えた後の手続き
・大量のミルワームにフトアゴ
・カマキリからハリガネムシ
・貝を磨く
・ペットに名前つけ
・色んな野菜並べてリクガメがどこに行くか
・サルバ泳がせる
・ヤシガニ食べさせる
・ミドリガメに魚を食わせる
・沖縄のゴキブリ紹介
・庭の微生物観察
・ボウフラを魚に与える
・動体検知カメラで金魚泥棒を
・ゴキブリが増え過ぎて困ってます
・ヘリウムガス吸いながらトカゲの飼い方紹

STEP 2 撮影準備

まずは**道具を揃えます。**屋外や施設での撮影はピンマイクを、水場での撮影は水中対応のカメラを持っていきます。また、ライトも必ず持っていきます。撮影前に**必ず動画の構成を決めています。**現地で撮影する場合、なんとなく撮影した～いで行くと、どんな撮影にしよう…と悩む時間が発生してしまいます。時間の無駄になるので、しっかりネタを練る事が大事です。

STEP 3 撮影

「色んな人に見てもらっている」という事を常に意識して撮影しています。モラルや常識に欠けた事や危ないことをしないように、下品な事を言わないように気をつけています。生き物に捕食をさせる動画が多いですが、あまりにも不快に思う人が多いような動画は出さないようにもしています。

STEP 4 編集

動画の編集はあまりこだわっていません。**演出よりもネタの濃さで勝負**しているからです。編集時間も早くて20分で終わることもあります。**パソコンはiMac**で、**編集ソフトはFilmora**というあまり高くないものを使っています。動画はテロップを入れるのが一番大変で、何かを説明する場合は大量のテロップを入れて時間をかけて制作しています。

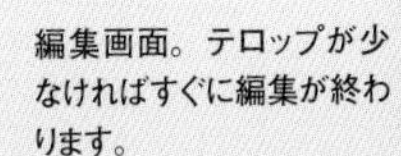

編集画面。テロップが少なければすぐに編集が終わります。

STEP 5 アップロード

動画のアップは**基本的に1日1本。20時にアップ**していて、みんなが仕事や学校を終えて晩ごはんを食べて暇になる時間かな～という時間帯にしています。

鰐の日常 ⑥

イベントに参加しよう！

爬虫類イベントに行ってみたいけど、初めてだとなんか不安…。
そんな人のために、イベントの雰囲気や楽しみ方などをご紹介します。

爬虫類イベントって何？

爬虫類の販売、展示、触れ合いなどができるイベントです！

イベントによってはビンゴ大会やじゃんけん大会、有名人のトークショー、珍味（ワニ肉など）の飲食ブースなどもあります。

準備

前売り券を購入しましょう。当日の入場券売り場は混雑するので、前売り券は必須です。また、爬虫類は温度変化に弱いので**保温バッグ**を持っていきましょう。カイロも忘れずに。事前に Twitter などで**お店の入荷情報、生体情報を確認**し、入場してすぐに直行するブースを決めておきます。

いつもイベントに持っていくもの。
保温バッグ、カイロ、財布。

有名なイベントに行ってみよう！

・ジャパンレプタイルズショー（日本最大の爬虫類イベント）
・東京レプタイルズワールド（関東最大の爬虫類イベント）
・ナゴヤレプタイルズワールド（名古屋最大の爬虫類イベント）
・レプタイルズフィーバー（関西最大の爬虫類イベント）
・九州爬虫類フェスタ（九州最大の爬虫類イベント）
・ブラックアウト　（全国的に高頻度で行っている大型のイベント）
・アクアリウムバス（魚主体だが爬虫類も多いイベント）

購入時のルール

ルール1 朝イチで並ぶ

朝イチで並んで入場開始とともに入るようにしています。

ルール2 気になったら即購入！

「またもう1周してから決めればいいか〜」なんて思っていたら大間違い！もう1周する頃には売れてしまっている可能性が高いです。

ルール3 購入したら、そのブースで預かってもらう

購入したあと、そのまま持って連れ回すと生体に負担をかけてしまいます。荷物にもなるのでブースで預かってもらいましょう。

ルール4 単独行動が基本

見落としがあってはいけないので、仲の良い人とおしゃべりしながら回るなんてことはしません。誰かと来ている場合も、入場後に解散してあとから合流します。

ルール5 午前中は知り合いと目があっても会釈だけ

午前中は見るのに忙しいので、鋭い眼光で速歩きをしています。その時に知り合いや視聴者さんに話しかけられても塩対応になってしまいます。見つけても午前中は放っておいてください。

ルール6 昼ごはんの後は、見直しタイム

午前中にあらかた見終えるので、知り合いと合流してお昼ごはんを食べに行きます。「何買いました〜？」「あれ気になってるんですよ〜」なんて話をしながら食事を終えるとまたイベント会場へ。見落としがないよう何度も見直しをします。

鰐の日常 ⑦

鰐の道具マストアイテム

飼育するうえで欠かせないのが「道具」。
よく使う定番の道具をご紹介します。

水入れや飼育容器にもなんでも使える

① タッパー

ゴキブリにカルシウムパウダーをかける時の一時的な入れ物として使います。冷凍マウスを解凍する時のお湯入れにもなるし、エサを入れて冷蔵庫で保存するのにも便利。フィールドで捕まえた生き物を持ち帰るときにも使用しています。

飼育環境の除菌はこれで決まり！

② 次亜塩素酸

ケージ内の掃除や飼育用品の殺菌消毒に使用しています。生き物にはアルコール消毒は危険なので、消毒は次亜塩素酸が◎。

洗えるので衛生的

③ 鉢底ネット

カマキリやサシガメを飼育するときの足場として使います。格子状になっているため通気性がよく、衣装ケースなどを改造して飼育ケージにする際とても便利です（P149参照）。

消臭力・吸水力が
とにかく抜群！

爬虫類の
エサやりに
必須アイテム

④ ペットシーツ

色んな生き物の床材として使用します。水をこぼした時に拭き取るのにも便利。湯煎で解凍したエサの水気を拭き取るのにも使えます。

⑤ トングLLタイプ

大型のトカゲや蛇にエサを与えるときトングを使います。エサも大きいのでトングだと掴みやすくとても便利。バーベキュー用のトングだと、角が尖っていて生き物を傷つける可能性があるため、先端が柔らかいものを重宝しています。

⑥ レプトミン スーパー

カメとイモリの
大好物！

カメ用のエサですが、イモリ達もよく食べてくれます。他のエサよりも食いつきが良いので重宝しています。

⑦ 鑑賞魚用浄水器

水道に接続して水道水の塩素を抜いてくれる浄水器です。水換えするときには必須品で、全ての水槽の水換えはこれを使用しています。

面倒な塩素抜きが
一瞬で終わる

鰐イチ押しの

おすすめショップ

鰐が良く行くおすすめの爬虫類ショップをご紹介。
このお店に行けば間違いません！

Maniac Reptiles（マニアックレプタイルズ）

神奈川県横浜市南区高根町3-18-10

名前の通りマニアックな生体から一般種まで品揃えが幅広い爬虫類ショップ。店内が広めで綺麗なので初心者でもゆったりと見ることができます。

☎ 045-294-5111
🕒 13：00〜22：00（日曜日のみ13：00〜21：00）
㊡ 水曜、第2・第4木曜
🚉 京浜急行本線黄金町駅より徒歩6分
地下鉄ブルーライン阪東橋駅より徒歩1分
🌐 http://maniacreptiles.com/

大蛇LOUNGE

神奈川県海老名市本郷2668

5〜6mクラスの巨大なヘビを間近で見ることが出来る爬虫類カフェ。そのヘビの大きさはなんと国内最大級！　他にもハイクオリティなヘビを扱っていて、ショップでヘビを購入することもできます。

☎ 080-4433-1999
🕒 12:00〜21:00
㊡ 火曜
🚉 小田急線海老名駅より神奈中バスで根恩馬から徒歩1分
🌐 https://www.instagram.com/lounge1212/

レプタイルストア ガラパゴス

東京都文京区本駒込5-41-5
ストークプラザ駒込101

爬虫類系の雑誌や書籍を多く手掛けているオーナーのお店。それだけに爬虫類の知識が一線を画していて、初心者にも丁寧に教えてくれます。ここでしか見られない面白い生体も多く取り扱っています。

☎ 03-6323-7989
🕒 12:00〜20:00
㊡ 水曜
🚃 JR山手線駒込駅東口より徒歩8分、田端駅北口より徒歩13分
🌐 https://reptilestoregalapagos.com/

Pumilio（プミリオ）

東京都世田谷区南烏山3-9-8-102

爬虫類の他にも両生類・奇虫・甲殻類など幅広く扱っている専門店。他の店では見ることのできないような珍しい生体が多く入荷され、そのラインナップはいつ見ても面白いです！　アットホームなお店で、初心者でも安心して購入できます。

☎ 070-5595-9325
🕒 12:00〜20:00
㊡ 火曜、臨時休業あり
🚃 京王線芦花公園駅より徒歩5〜6分
🌐 http://www.maroon.dti.ne.jp/pumilio/index.html

鰐に聞く!

生き物いろいろ質問箱

「こんなときはどうしているの？」など、
皆さんによく聞かれる質問にズバリ答えます！

Q1 ▶一番好きなペットは?

A

フトアゴヒゲトカゲです。爬虫類の中で一番の古株で、ベビーのころから一緒にいるため愛着もありますし、何よりウチのペットの中で一番愛嬌があります。ベタ慣れで触っても嫌がらないし、エサを見せるとかけよってきておいしそうに食べるのがたまらなく可愛いです。

Q2 ▶防災対策は?

A

正直まだあまり出来ていないのですが…地震などの対策に、重い水槽を置く場所は床下の補強は必ずしています。また、ケージを収納するメタルラックは、ポールをそのまま天井まで伸ばして、床と天井で突っ張る事のできるものを使用しています。

Q3 ▶生き物が大きくなったらどうするの?

A

より広いスペースを提供するのみです。今の家よりももっと広い場所を買って、広いケージをつくり、より良い環境にしていきたいと思っています。そのためにも今後の目標として爬虫類カフェのような施設をつくりたいと考えています。

Q4 ▶死んでしまったらどうしているの？

A

標本にするか、燃えるゴミに出すか、ペット火葬です。燃えるゴミに出すと薄情なイメージがあるかもしれませんが、逆に屋外に埋めてしまうと菌や寄生虫などが野に放たれて衛生上良くありません。また、病気を引き起こし生態系にも被害を与えてしまいます。生き物を飼う以上、その恩恵を受けている生態系の保全についても意識するのが飼育者の責務です。

Q5 ▶ペットに名前はつけないんですか？

A

何匹かにはつけているんですが、ほとんどの子につけていません。爬虫類に名前をつけない人は結構いて、僕と同じようにアクアリウムから入った人間は、生き物を鑑賞する目的が強いためそうした傾向にあります。逆に哺乳類や爬虫類が初めてのペットという人は、愛でる対象として名前をつける人が多いと思います。

Q6 ▶一番世話が大変な生き物は？

A

ミズオオトカゲ（T+ アルビノ）です。水換えが特に大変で、ミズオオトカゲは水入れをすぐに汚すため、毎日水換えをしなければなりません。水入れはちょっとした水槽くらいの水量があり時間がかかるし、また水換え中に終始脱走を試みるので阻止したり、尻尾撃ちに気をつけたりといろいろとやることがあって大変です。

ちゃんねる鰐

1991年2月10日生まれ。爬虫類系YouTuberの中で登録者数は日本一。トカゲや鰐などの爬虫類をはじめピラニア・カエル・カマキリなど多くの生物を飼育している。様々な生き物の豪快な食事シーンが見どころ。

YouTube　ちゃんねる鰐
https://www.youtube.com/channel/UConWtiDi5UKJ-dmZdCUCXyQ

Twitter　@wanivspbao

Instagram　@wanivspbao

STAFF

編集・構成	柏もも子、細谷健次朗（株式会社 G.B.）
原稿	川村綾佳、ちゃんねる鰐
写真	ちゃんねる鰐
デザイン・DTP	森田千秋（Q.design）
イラスト	西村光太（表紙）、玉田紀子（P2・3）

写真提供

・大蛇 LOUNGE
・Pumilio
・Maniac Reptiles
・レプタイルストアガラパゴス

参考文献

・「世界の爬虫類ビジュアル図鑑」海老沼剛（誠文堂新光社）
・「世界の両生類ビジュアル図鑑」海老沼剛（誠文堂新光社）
・「爬虫類・両生類ビジュアル大図鑑」海老沼剛（誠文堂新光社）

ちゃんねる鰐のヤバい爬虫類・両生類図鑑

2020年4月20日　第1刷発行
2022年1月20日　第3刷発行

著　者…ちゃんねる鰐
発行者…吉田芳史
印刷所…株式会社 光邦
製本所…株式会社 光邦
発行所…株式会社日本文芸社
〒135-0001　東京都江東区毛利 2-10-18 OCM ビル
TEL 03-5638-1660［代表］

内容に関する問い合わせは、小社ウェブサイト
お問い合わせフォームまでお願いいたします。

URL https://www.nihonbungeisha.co.jp/

Printed in Japan 112200409-112220106 Ⓝ 03 (130003)
ISBN978-4-537-21793-3
編集担当　岩田